KB275321

국내외 반려동물관련 산업분석보고서 2023개정판

저자 비피기술거래 비피제이기술거래

㈜ 비티타임즈

반려동물 관련 산업분석 보고서

2023 개정판

BT TIMES

목차

Contents

1. 서론

I. 서론

국내를 비롯한 세계 주요국들의 반려동물관련 산업이 급성장하고 있다. 인구고령화와 1인가구의 급증에 따른 인구구조의 변화, 소득증가에 따라 반려동물과 함께 사는 사람들이 증가하고 있기 때문이다. 또한 예전보다 반려동물을 가족처럼 생각하는 늘어나면서 이런 사람들을 '**펫팸족**'(Pet+Family)이라고 부르기 시작했고, 이들은 자신의 가족과 다름없는 반려동물을 위해 소비하는 것을 당연하게 생각하기 때문에 이와 관련된 산업들이 성장하기 시작했다. 반려동물 관련 산업은 시장의 규모가 커지면서 다양해지고 있다. 펫푸드, 반려동물 용품은 물론이고, 펫 보험, 펫 신탁, 진료 등에 관련된 서비스, 첨단산업과 결합된 IoT상품이나 펫 TV채널 등도 등장했다.

한국농촌경제연구원에 의하면 2021년 한국 반려동물 산업 규모는 3조 7,694억 원이며 2027년에는 6조 원까지 급성장할 것으로 전망되고 있다.

최근 급부상하는 국내 펫헬스케어 시장이 또 하나의 가족이 된 반려동물들을 위해 펫휴머니제이션(반려동물의 인간화)을 반영한 펫 푸드 및 영양제, 질환별 진단키트와 치료제, 건강보험과 가전 등 다양한 제품과 서비스를 선보이면서 더욱 고부가가치화 되면서 성장을 거듭하고 있다.

따라서 본 보고서는 이러한 국내외 펫코노미(Pet+Economy) 시장에 대해 알아보고 유망한 기업들과 앞으로의 전망에 대해 알아볼 예정이다. 2023 개정판에서는 달라진 국내 반려동물의 산업을 분야별로 분석했고, 국내외 반려동물 관련 기업들의 최신 정보와 함께 새로운 기업을 추가했으니 참고하시기를 바란다.

2. 국내 반려동물 양육실태

최근 5년간 우리나라 반려동물 양육가구 비율 추정치

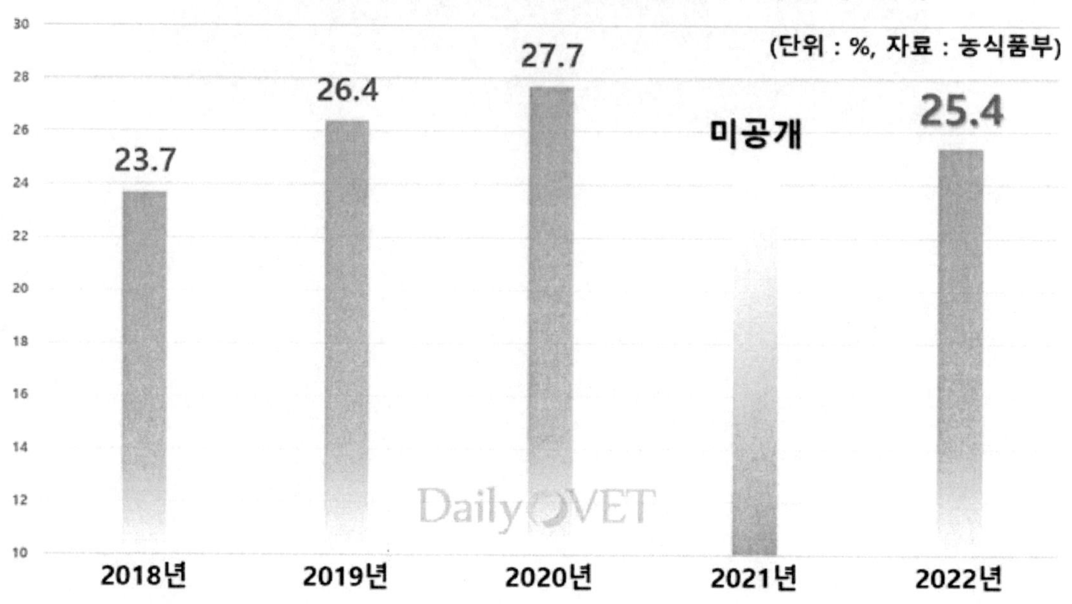

*2018년 : 국민 2천명 대면 조사
*2019~2022년 : 국민 5천명 온라인 패널조사
*2021년 : 2020년 통계청 인구주택총조사(반려동물 양육가구 약 15%) 발표 후 미공개

2022년 기준 현재 한국에서 반려동물을 기르는 '반려가구'는 602만 가구로 전체 가구의 25.4%를 차지하고, 반려인은 1,306만 명으로 '반려인 1500만시대'를 눈 앞에 두고 있다. 이는 통계청 <2020 인구주택총조사>, 농림축산식품부 동물등록정보 현황 그리고 전국 20세 이상 64세 이하 남녀 5,000명을 대상으로 한 설문조사(2022 동물보호 국민의식조사) 결과를 기초 자료로 활용해 추정한 수치다.

---

1) 반려동물 양육인구 602만 가구 1306만명…개 545만·고양이 254만 마리 / 데일리벳

 한국 반려가구 중에는 반려동물로 개를 기르는 '반려견가구'가 75.6%로 가장 많으며, 두 번째로 많이 기르는 반려동물은 고양이로 '반려묘가구'는 27.7%를 차지한다. 그 외 관상어, 햄스터 등을 반려동물로 기르고 있다. 세 번째는 물고기, 네 번째는 햄스터였으며, 거북이, 새 등이 그 뒤를 이었다. 개, 고양이 수는 약 800만 마리에 육박하는 것으로 추정됐다. 개가 약 544만 8천마리, 고양이가 약 254만 1천마리 있는 것으로 조사됐다. 전년(2021년) 대비 반려견은 약 5.2%, 반려묘는 약 12.7% 증가했다.

 반려견가구에서는 1가구당 평균 1.2마리의 반려견을 기르고 있고, 반려묘가구에서는 1가구당 평균 1.4마리의 반려묘를 기르고 있다. 반려가구의 반려 유형별 양육 비율과 평균 개체수를 반영해 추산해보면 한국의 전체 반려견 수는 544만 마리, 전체 반려묘 수는 254만 마리에 이를 것으로 예상된다.

 향후 반려동물을 기르는 반려가구가 증가할 것인지를 알아보기 위해 현재 반려동물을 기르지 않는 가구를 대상으로 반려동물 양육 의향을 물었다. 현재 반려동물을 기르지 않는 가구 중 '향후 개나 고양이를 키워보고 싶다'고 응답한 비율은 47.8%였다. 양육 시기에 대해서는 '향후 1~2년 내 양육희망' 9.8%, '향후 3~5년 내 양육 희망' 15.9%, '향후 5년 이후 양육 희망' 22.1%로 나타나 반려인이 점차 증가할 것으로 예상된다.

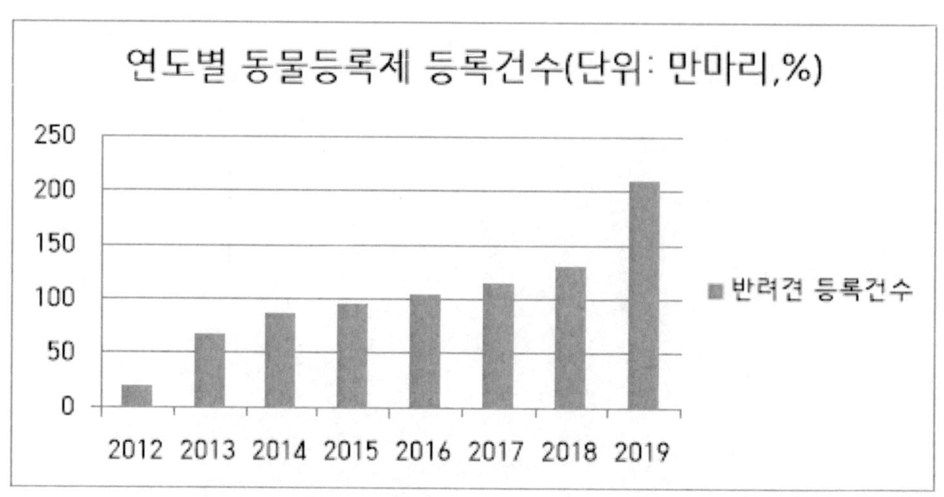

그림 6 출처: KB경영연구소 자료 재가공

　반려견 등록 개체수는 2008년 시범 사업 도입 이후 2012년까지 18만1천 마릿수준을 유지하다 2013년 1월 1일부터 등록이 의무화되면서 66만2천 마리로 전년 대비 265.8% 급증했다. 이후 지속적으로 증가해 2018년 129만5천 마리에서 2019년 209만2천 마리로 61.5% 증가하였다. 2019년 7월 1일부터 8월 31일까지 농림축산식품부의 동물 등록 자진 신고 기간 동안 범국민 대상 홍보와 반려인의 참여 확대로 신규 등록 개체수가 증가한 것으로 보인다.

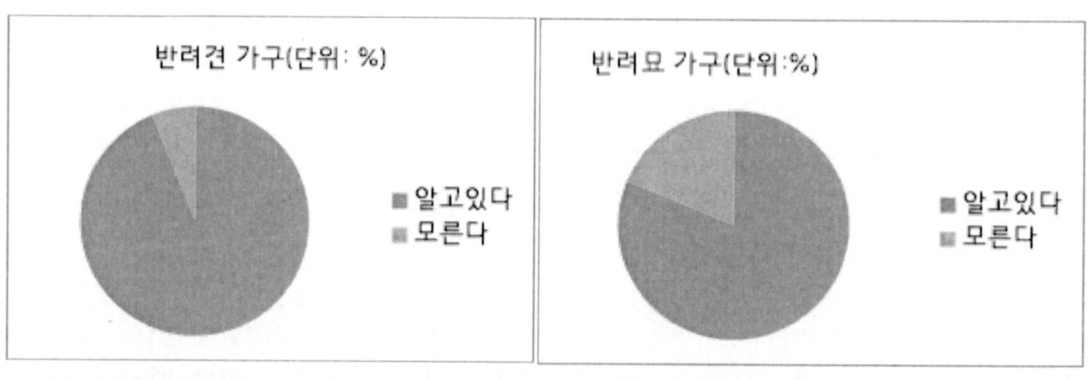

그림 8 동물등록제 의무화 규정 인지도　　　　출처: KB 경영연구소 자료 재가공

　동물등록제 의무화 규정에 대해서는 반려견 양육가구의 93.8%가 제도에 대해 ‘알고 있다’고 응답하는 등 높은 인지율을 보였다. 반려묘 양육가구의 경우 81.2%가 제도에 대해 ‘알고 있다’고 응답했으나 반려견 양육가구에 비해 다소 낮은 인지율을 보였다. 한편, 반려가구를 대상으로 반려동물 양육과 관련된 주요 법과 제도 인지 여부를 조사한 결과, 반려가구의 절반 이상은 관련 법과 제도를 숙지하고 있었고 전년 대비 인지율이 상승한 것으로 나타났다.

대부분의 반려동물 관련법에 대한 인지도 전년도 보다 상승,
그러나 반려동물 관련 도로교통법 인지율 여전히 낮아

한편, 반려동물을 안고 직접 차량을 운전하는 행위는 도로교통법 제39조 제5항에서 제한하고 있으며, 위반 시 20만원 이하 벌금이나 구류, 과료에 처하고 있다. 해당 법령에 대한 반려가구의 인지율은 '내용을 알고 있다' 57.0%, '전혀 모른다' 13.6%로 2018년 대비 인지율이 2.0%p 상승했지만 여전히 다른 법령에 비해 인지율이 낮았다. 또한 도시공원 이용 시 반려동물의 배설물을 방치할 경우 10만 원 이하의 과태료가 부과되는데(공원녹지법 제 49조 제4항), 해당 법령에 대한 반려가구의 인지율은 '내용을 알고 있다' 75.6%, '전혀 모른다' 5.7%로 대부분 숙지하고 있었다.

반려동물이 타인에게 상해를 입힐 시 반려인에게 과실치상죄가 적용되어 500만 원 이하의 벌금이나 구류, 과태료가 부과된다(형법 제266조). 또한 반려동물 점유자는 동물이 타인에게 입힌 손해를 배상할 민사상 책임을 물게 된다(민법 제759조). 반려동물이 상해를 입힐 시 과실치상죄 적용 조항에 대한 반려가구의 인지율은 '내용을 알고 있다'가 67.0%로 2018년 57.6% 대비 인지율이 9.4%p 상승했다.

반려견과 동반 외출할 경우 의무적으로 목줄, 가슴줄 또는 이동 장치를 사용해야 하며 위반 시 최대 50만 원, 맹견의 경우 최대 300만 원의 과태료가 부과된다(동물보호법 제13조, 제13조의2). 해당 법령에 대한 반려가구의 인지율은 '내용을 알고 있다'가 69.5%로 2018년 66.2% 대비 인지율이 3.3%p 상승했다. 또한 각종 구타, 방임은 물론 혹서, 혹한에 방치하는 행위 등 동물을 학대할 경우 2년 이하의 징역 또는 2천만 원 이하 벌금이 부과된다(동물보호법 제8조 제1항). 동물 학대 금지 법령에 대한 반려가구의 인지율은 '내용을 알고 있다'가 69.2%로 2018년 59.3% 대비 인지도가 9.9%p 상승한 것으로 나타났다.

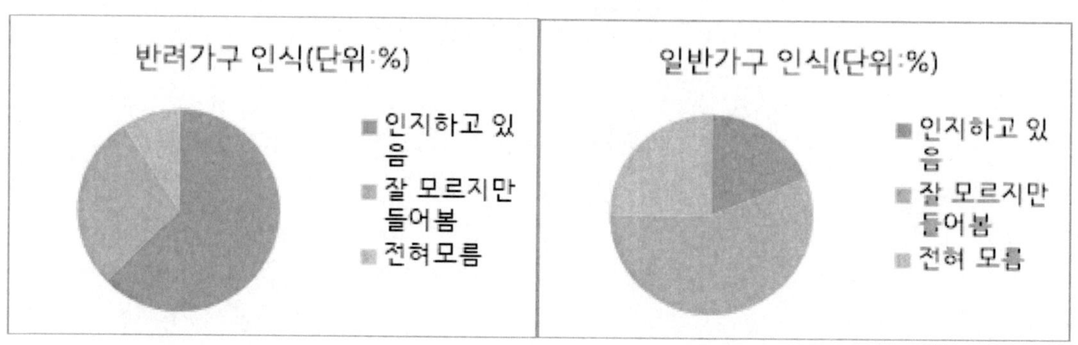

2021년 기준 동물 유기 관련 법령 제도 인지 여부 출처: KB 경영연구소 자료 재가공

농림축산검역본부에서 실시한 <2019년 반려동물 보호·복지 실태조사>에 따르면, 2019년 구조되거나 보호된 유실, 유기동물은 전년 대비 12% 증가한 약 13만 마리, 구조/보호와 관리 비용은 전년 대비 15.8% 증가한 232억 원으로 나타났다. 이처럼 반려동물을 양육하는 가구가 늘어남과 동시에 버려지는 반려동물 역시 증가하고 있으며, 유기동물로 인해 발생하는 비용이 사회 문제로 대두되고 있다.

반려동물을 계속 기를 수 없다고 버리는 행위는 동물보호법에 의해 금지되며, 유기 시 300만 원 이하 과태료가 부과된다(동물보호법 제46조 제4항 제1호). 해당 법령에 대한 반려가구의 인지율은 '인지하고 있다' 62.7%, '잘 모르지만 들어봤다' 28.0%, '전혀 모른다' 9.3%로 내용을 숙지하고 있는 반려가구 비율은 2018년 52.4% 대비 10.3%p 증가했다. 일반가구도 역시 '내용을 전혀 모른다'는 응답이 2018년 32.5%에서 2021년 25.0%로 7.5%p 감소하면서 동물 유기 금지 법령에 대한 인식 정도는 전반적으로 개선된 모습을 보였다.[2]

---

2) 「2021 한국 반려동물보고서」 KB경영연구소

3. 해외 반려동물 산업분석

III. 해외 반려동물 산업 분석3)

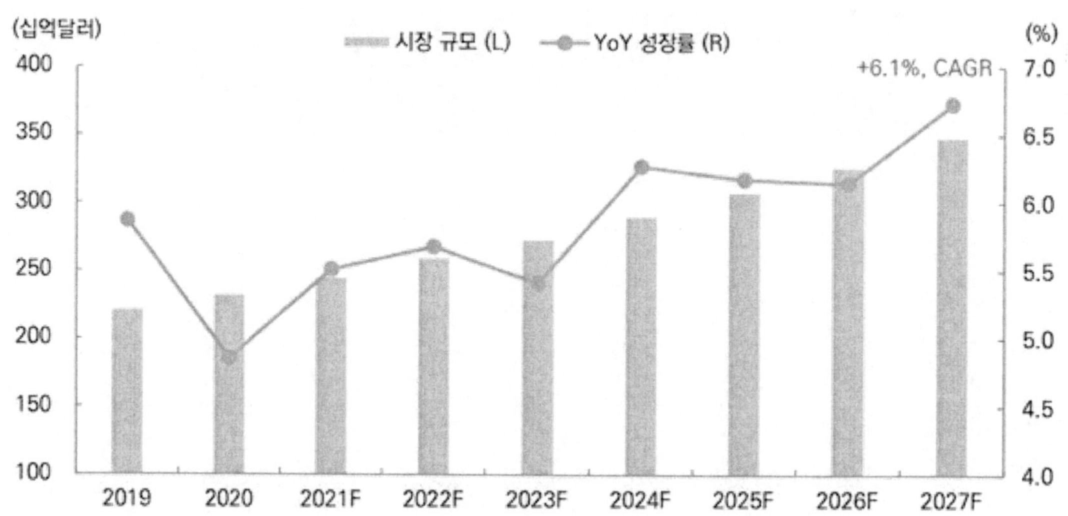

그림 12 글로벌 펫케어 시장 규모 및 성장(사진=미래에셋 증권 제공)

COVID-19 팬데믹은 전세계적으로 반려동물 산업의 급격한 성장을 이끌었다. 미래에셋증권 임희석 연구원은 글로벌 펫케어 시장규모를 2020년 2300억 달러에서 연평균 6.1%의 성장으로 2027년 3500억 달러로 증가할 것으로 내다봤다. 전세계 펫케어 시장의 지역별 비중은 북미 45%, 아시아 31%, 유럽 15% 수준으로 대부분의 국가의 흐름은 규모의 차이는 있으나 성장세를 나타내며 비슷한 양상으로 펫케어 시장의 성장을 예상했다.

하지만 최근 코로나19의 진정세와 방역규제 완화 등 조치로 포스트 코로나 시대를 대비해야 한다는 목소리가 높아지고 있다. 지난 2년간 팬데믹과 그에 따른 각국의 봉쇄조치를 동력삼아 반려동물 산업이 성장해 온 만큼 앞으로의 또 다른 시장 변화의 양상에 대한 귀추가 주목된다.

---

3) [2022 펫코노미 시대를 넘어 ⑥] 155조 육박, '북미' 반려시장, "대한민국 반려동물 산업 미래 지침서"
 / 한국반려동물신문(http://www.pet-news.or.kr)

1. 미국

 미국은 세계 1위의 반려동물 산업 시장으로 꾸준하게 성장하고 있다. 글로벌 시장조사 전문기관 Euromonitor의 반려동물 케어 시장 보고서(Pet Care in the US, 2022년 5월 발간)에 따르면, 팬데믹을 겪으며 폭발적인 성장을 기록했던 미국 반려동물 케어 시장은 올해뿐만 아니라 향후 5년 동안에도 매우 견실한 성장세를 이어갈 것으로 분석된다. 불과 5년 전 약 477억8150만 달러 규모였던 미국 반려동물 케어 시장은 2021년 641억2630만 달러까지 껑충 뛰었고, 2027년에는 약 863억 달러 규모에 이를 것으로 예측된다. 특히 팬데믹에 따른 가정생활 증가로 반려 인구가 늘어난 2020년에는 펫 케어 시장 매출이 전년 대비 8.6% 증가했고, 해당 트렌드가 꾸준히 이어진 2021년에도 전년 대비 무려 10.5%의 매출 증가를 경험했다. 이 같은 펫 케어 시장의 성장은 연평균 약 5% 수준으로 당분간 지속될 전망이다.[4]

 지난 3년간 COVID-19이 미국 반려동물 산업에 미치는 영향은 컸다. 미국은 홈보디경제(Homebody Economy)가 소비자들의 삶의 패턴에 자리잡고 있으며, 컨설팅 기업 맥킨지가 미국 성인 2004명을 대상으로 조사한 'COVID-19로 변한 미국 소비자 생활변화'에서 응답자의 15%가 반려동물 입양으로 소비생활이 변했다고 답해 미국의 새로운 소비 트렌드가 반려동물로 인해 창출됐다.

 홈보디경제란 '홈보디'(Homebody, 집에있기를 좋아하는 사람)가 급증함에 따라 집에서 다양한 경제·문화활동이 이뤄지는 홈코노미(Home+Economy의 합성어)가 활성화된 신조어로 온라인판매, 배달음식의 급속한 성장, 모바일을 활용한 OTT채널 구독 등이 대표적이며 이는 COVID-19의 영향이 가져온 변화의 모습이다

 미국 반려동물용품 협회 조사(National Pet Owners Survey)에 따르면 미국 가구의 67%, 약 8490만 가구가 반려동물을 소유하고 있고 연령대별로 반려동물을 소유한 가장 큰 집단은 밀레니얼 세대이며, Z세대도 반려동물을 소유하고자 하는 경향이 강하게 나타나면서 2021년 미국의 개와 고양이 수는 1억9000만 마리로 추정되고, 그 개체수가 꾸준히 증가하여 2026년에는 2억1300만 마리가 될 것으로 추산됐다. 이는 반려동물 제품 시장에 대한 지속 성장가능 기회로 작용할 것으로 기대된다.

---

4) 반려동물용품의 모든 것, 미국 'SuperZoo 2022' 참관기 / 코트라 해외시장뉴스

1) 프리미엄 제품의 대중적 트렌드 정착

KOTRA 미국 달라스 무역관에 따르면 "반려동물 산업의 주요 소비층으로 1985년에서 2010년 사이에 출생한 밀레니얼 세대는 반려동물을 사람과 같이 생각하고 자란 첫 세대"라며 "수입에 상관없이 반려동물의 건강, 복지, 행복을 최적화하기 위한 제품과 서비스에 많은 소비를 한다"고 분석했다.

또한 반려동물을 단순한 동물이라기보다 가족 구성원으로 여기는 경향이 높아짐에 따라 고품질, 유기농, 글루텐-프리, 곡물이 첨가되지 않은 사료, 럭셔리 디자이너 브랜드 액세서리, 고급 반려동물 치료 서비스의 활성화에 이르기 까지 반려동물 제품의 고급화가 더욱 확장되는 추세다.

이 같은 현상은 독일 경제학자이자 사회학자인 베르너 좀바르트(Werner Sombart, 1863~1941)의 '사치와 자본주의'에서 그 맥락을 찾을 수 있다. 좀바르트는 15~16세기 중세유럽의 향락과 사치문화의 정수인 궁정문화가 의복·장식·가구·음식 등 다양한 사치로 발현되고 이것이 17세기 개인화되면서 실내로 집중된 현상을 가리켜 집 밖에서 누리던 사치소비가 실내공간으로 이동했다해서 '사치의 실내화(室內化)'로 설명했다.

다른 경우긴 하지만 COVID-19 팬데믹으로 외부활동의 큰 제약으로 자연스레 실내활동이 많아졌고, 사람들이 외로움을 달래기 위해 입양한 반려동물에 정성을 쏟는것은 당연한 결과며, 이를 통해 한정된 소비패턴이 반려동물에 이어지면서 반려동물 용품의 사치소비를 낳았다.

펫셔리(Pet+Luxury), 펫프렌들리(Pet+Friendly), 펫테리어(Pet+Interior)와 같은 최근 펫산업을 관통하는 키워드는 반려동물 용품의 럭셔리 소비의 결과물이며, 이는 반려동물 산업의 양적 성장에 이어 질적 성장을 이끌었다고 풀이된다.

2) 동물사료 시장의 신성장 동력

미국은 전통적으로 반려동물 선진국으로 평가받고 있으며 미국반려동물협회(America Pet Product Association)에 따르면 2021년 처음으로 미국 소비지출액은 1236억 달러(150조9320억 원)에 도달했다고 발표했다. 또한 전년대비 13.5%의 높은 성장률을 보였다. 세부적으로 반려동물 사료 및 간식에 500억 달러(64조4250억 원)가 지출되었으며, 전년대비 13.6% 증가했다고 밝혔다.

이는 미국 전체 양육가구수가 연간 1.3%의 증가율을 보이고 있어 반려동물 사료의 수요가 지속 증가하고 있고, 전체 동물사료 가운데 개, 고양이 사료는 각각 29.6%와 18%로 가장 높은 비중을 차지하고 있는 것으로 나타났다. 이 같은 현상으로 반려동물 사료는 미국 전체 동물사료 산업의 차세대 성장동력으로 인식되고 있다.

 미국 로컬 조사업체 the Spruce Pets에 의하면 주요 반려동물 사료 업체 제품은 △종합평가 1위로 Royal Canin △ 가성비제품 1위에 Taste of the Wild △건식사료 부문 제품1위 Orijen △습식사료제품 1위 Hill's Science Diet △강아지 사료 제품1위에 Blue Buffalo △ 대형반려동물 사료제품 1위 Purina △ 소형반려동물 사료제품 1위 Wellness Pet Food이 선정됐고, 각 제품은 시장 내에서 차별화 전략으로 다양한 구매층을 보유하고 있는 것으로 조사됐다.

3) 폭발적인 성장을 보이고 있는 미국 전자상거래

 코로나19로 전국적 록다운 조치 시행으로 미국내 전자상거래시장은 폭발적인 매출증가를 보이며 더욱 활성화 됐다. 유로모니터에 따르면 지난해 미국의 온라인 판매는 7880억달러로 전년대비 19.3% 증가했으며, 2016~2021년 연평균 성장율은 19.7%로 조사됐다.

 특히 소비자들이 모바일 기기를 사용하는 시간과 빈도가 크게 늘어 쇼핑 패턴도 자연스럽게 변화했고 작년 모바일 전자상거래 매출이 전년대비 31.8% 증가한 2억7900만달러를 기록하면서 빠르게 성장 중이다. 유로모니터는 모바일 전자상거래 시장이 2026년까지 연평균 15.6%씩 성장해 미국내 온라인 소매매출의 50%이상 비중을 차지할 것으로 전망했다.

 반려동물 제품도 예외는 아니며, 제품 브랜드 비교에서 성분 목록, 소비자 리뷰에 이르기까지 반려동물 관리정보의 가장 포괄적이고 접근 가능한 출처를 확인할 수 있어, 반려동물 제품 판매의 점유율이 빠르게 증가하고 있다.

 미국의 주요 반려동물 제품 판매 기업은 미국 반려동물 오프라인 업체 1위 PetSmart와 최초로 미국휴먼인증(Amerian Humane Certified)을 받은 소매업체 Petco로 각각 시장점유율 25.1%, 15.6%를 기록하며 전체 시장의 약 40%를 점유하고 있다. 그밖에 북미내약 1100개 매장을 운영하고 있는 Pet Retail Brands US Holdings의 시장점유율은 3.4%, 미국 전역 33주에 걸쳐 500여개 매장을 운영중인 PetSupplies Plus 2.3% 등 다수의 중소기업들이 시장에 참여하고 있으며 이들은 오프라인에서 온라인으로 사업영역을 확장중이다.

가장 눈에 띄는 대표적인 기업은 추이(Chewy)로서 2017년 펫스마트에 33억 달러에 인수된 뒤 2019년 나스닥시장에서 성공적으로 기업공개(IPO)하며 아마존의 온라인 펫 비즈니스를 2위로 누르고 미국 반려동물 이커머스 시장 1위를 차지하고 있다. 추이는 온라인 몰 운영을 통해 사료뿐만 아니라 장난감과 비타민 등 1600여 개 브랜드에서 내놓은 6만5000개 이상의 반려동물 제품이 판매돼 다른 곳에서 추가 정보를 찾아볼 필요조차 없을 정도로 광범위한 제품판매가 이뤄지고 있다.

추이의 정기 배송 서비스인 오토십(Autoship)은 미국 소비자들이 가장 즐겨찾는 서비스로 자신의 반려동물 연령과 품종 등 정보를 입력하면 알고리즘을 통해 적절한 제품을 추천해주고 넓은 미국 땅에서 이틀 안에 배송해 주기 때문이다. 추가로 정기구독을 이용하면 5~15% 할인은 덤이다. 이러한 편리성과 신뢰를 바탕으로 신규 및 기존 고객 모두 높은 충성도를 보였고 고객당 순 매출은 전년대비 15% 증가한 446달러를 기록했다. 이러한 경쟁력 덕분에 추이는 팬데믹 시기에 매출이 급격하게 증가하는 모습을 보였고 추이의 순 매출은 2021년 24.3억 달러(3조 1383억원)을 기록해 전년대비 13.7% 성장하는 모습을 보였다.

4) 원격의료 상담 진료서비스 등 동물의료 스타트업 붐업

미국의 소비자의 다양한 요구를 충족시키기 위해 다양한 스마트 용품들이 개발되고 있고 IT기술은 점점 더 반려동물 제품에 침투하고 있다. 블루투스, GPS 또는 RFID를 사용하는 스마트 펫 제품과 웨어러블 제품, Wi-Fi 또는 홈 네트워크에 연결할 수 있는 제품의 판매는 2020년기준 전년대비 26%증가했다.

다양한 요구를 충족시키기 위한 스마트 용품들의 개발이 계속되고 있고 관련 시장의 투자유치도 활발해 2020년 미국은 2233억원의 투자유치를 받은것으로 조사됐다.

스마트 홈케어제품, 위치추적기, 간식 디스펜서를 비롯해 다양한 분야로 서비스가 세분화되고 있으며 특히 도그 티브이(Dog TV)는 반려동물이 혼자 있을 때 안정감을 주기 위해 과학적으로 개발된 프로그램을 24시간 내내 방영하는 채널로서 세계 최고의 반려동물 전문가들에 의한 수년간의 연구를 통해 반려동물의 시각과 청각의 특정 속성을 충족시키고, 자연스러운 행동 경향을 도울 수 있는 특별한 콘텐츠를 제공해 반려동물이 자신감을 얻고, 행복해져 분리불안, 스트레스와 같은 문제를 미연에 방지하는 효과를 기대할 수 있다.

우리나라는 불법이지만 미국에서는 동물 수의학 진료의 약 30 %가 원격 의료를 활용해 진료를 하고 있을 정도로 원격진단 서비스가 주목받고 있으며 특히 COVID-19 기간내 동물병원의 방문이 어려워지면서 원격상담서비스가 크게 성장했다. 수의사가 펫케어의 가장 중요한 부분이기 때문에 수의학 원격 진료의 발전은 거듭나고 있다.

한국무역협회 국제무역통상연구원의 자료에 따르면 미국은 펫케어 산업의 3대 트렌드로 △펫휴머나이제이션 △펫테크 △혁신적인 동물의료를 꼽았고 특히 AI, 빅데이터 등 최첨단 기술을 활용한 진단서비스가 시장에서 주목받고 있는 것으로 나타났다.

실제 미국에서는 2020년 이후 원격상담 진료서비스를 포함해 약 60여개의 동물의료 관련 스타트업이 등장하기도 했으며, 조기진단서비스 글로벌 1위 아이덱스는 2020년 반려동물에게 적용가능한 코로나19 진단검사를 내놓아 화제가 됐고, 스타트업 엠바크는 △빅데이터 △AI △딥러닝 기술 등을 이용해 반려동물의 건강이상상태를 진단하며, △본드벳, △퍼지, △폽 등 기업은 실시간 채팅과 상담으로 원격 진료하고 처방전을 집으로 배달하는 다양한 형태의 원격진료서비스를 제공하는 등 다양한 수의학 원격의료 상담 서비스가 운영 중이다. 특히 수의사와 직접 결합한 서비스를 제공함으로써 소비자의 신뢰와 만족도를 높이는데 기여하고 있다.

자료 : Bond vet, www.nbcnewyork.com

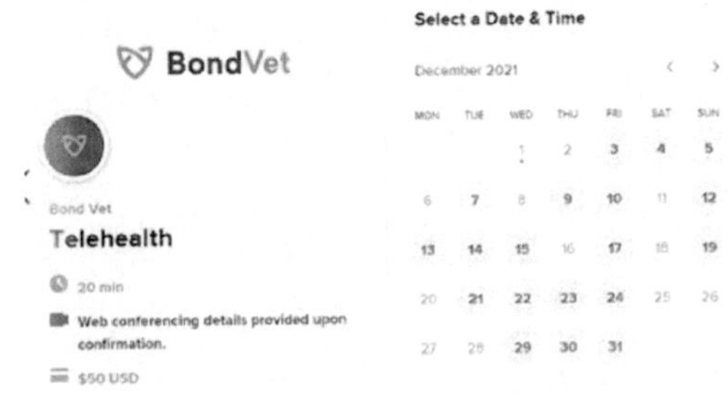

자료 : Bond vet

5) 최근 4년사이 2배 이상 성장한 북미 펫보험 시장

우리나라는 윤석열 대통령이 국정과제 중 하나로 펫보험 활성화를 약속하면서 손해보험업계가 촉각을 곤두세우고 있다. 약 900만마리로 추산되는 국내 반려동물 수에 비해 보험 가입률(2020년기준 0.25%)이 저조한 현실이기 때문이다.

미국은 반려동물 선진국답게 반려동물 보험이 지속 성장하고 있으며 미국내 많은 반려인들은 반려동물 보험을 당연히 생각하고 있으며 글로벌 기술연구회사 Technavio에 따르면 미국 반려동물보험시장은 2026년까지 연평균 27.11%의 높은 성장률로 120억 달러(15조 4980억 원)으로 성장할 것으로 나타났다.

한편 북미 반려동물건강보험협회 (NAPHIA) 산업 현황 보고서는 보험에 가입된 동물

10마리 중 8마리가 2021년 기준 개이며, 나머지 보험은 고양이가 차지한다고 밝혔다.

2020년 기준 3.45백만 마리가 가입된 이래 북미 전역에 2021년에 4.41백만 마리 이상으로 가입 수가 늘었고, 2018년 이후 반려동물 보험은 고양이의 경우 113%, 개는 86.2%의 반려동물 보험이 증가했다.

NAPHIA의 전무 이사인 크리스틴 린치 (Kristen Lynch)는 "반려동물 보험의 전례없는 성장기는 팬데믹 이후 가속화됐고 반려동물과의 관계에 관한 행동 변화 때문"이라며 "반려동물 입양이 사상 최고치를 기록했으며 양육자는 예기치 못한 의료비용 위험을 줄이기 위해 보험에 가입했고 이는 미국 반려동물 보험산업의 높은 성장률에 기여했다"고 덧붙였다.

실제로 반려동물 보험산업이 두 자릿수 성장을 기록하며 2020년 대비 시장 연성장율은 미국과 캐나다가 각각 30.4 %, 28.1%를 기록했다. 미국의 보험 규모는 26억 달러(3조 3579억 원), 캐나다는 313.4백만 캐나다달러(31억3158만 원)를 차지했다.

NAPHIA는 향후 지속적인 산업 성장 가능성이 여전히 높다고 밝혔고, 북미시장의 펫보험산업은 우리나라 펫보험 성장에 중요한 지침서가 될 것으로 기대된다.

ь) 반려동물 산업 성장의 걸림돌과 우려

한편 전세계의 심각한 인플레이션과 이상기후로 인한 미국 내 최악의 가뭄과 폭염, 그리고 우크라이나 전쟁사태 등의 주요 원인으로 식량위기가 심화되면서 미국 노동통계국 (Bureau of Labor Statistics)의 데이터에 따르면 올해 미국의 반려동물 분야 가격 인플레이션은 과거 20년 대비 최고 기록을 세울 수 있다고 우려하고 있다.

실제로 지난 3월에는 미국 반려동물 사료 가격은 2.3% 인상됐고, 5월 기준 펫푸드 CPI는 169.335로 최고 상승치를 갈아치우고 있으며, 네슬레(Nestlé)와 같은 일부 주요 업체들은 최근 비용 인플레이션의 "급격한 증가"로 인해 올해 상반기 3개월 동안 제품 가격을 불가피하게 5.2% 인상했다고 밝혔다.

펫푸드 CPI는 미국 도시 거주 소비자들이 지출하는 반려동물 사료 가격에 대해 시간 경과에 따른 평균 변화를 측정한 수치다.

그림 14 미국 반려동물 사료 CPI 변동 추이. 자료: 미국 노동통계국(Bureau of Labor Statistics) 제공

또 미국 반려동물 전자상거래 1위 추이(Chewy)는 올해 초 높은 원자재 가격 상승이 마진에 부정적인 영향을 미칠 것이라고 경고했고 높은 인플레이션 압력과 전세계적 공급망 혼란은 지속될 것으로 예상되며, 포스트 팬데믹 이후 진화하는 소비자의 행동 변화를 계속 관찰해야 한다"고 조언했다.

2. 캐나다

 캐나다는 미국과 더불어 반려동물 산업의 성숙도가 높은 시장이다. 특히 COVID-19 팬데믹 이후 반려동물 사육업체 대부분에게 입양 수요를 맞추지 못할 정도로 문의가 쇄도한 것으로 나타났다. KORTA 벤쿠버무역관에 따르면 캐나다 대규모 개 사육업체 Canadian Kennel Club은 코로나19 이후 입양 문의가 약 40% 증가한 것으로 추정했고, 토론토의 동물 보호소 Toronto Humane Society에서는 팬데믹 이후 10,000개 이상의 입양 신청서를 받은 것으로 알려졌다.

 Canadian Animal Health Institute(CAHI)는 '2020년 반려동물 인구 조사 결과'에서 캐나다 가구의 58%가 개 또는 고양이를 키우고 있는 것으로 확인됐고, 캐나다 조사 기관 Narrative Research의 2020년 11월 설문조사에 따르면 현재 반려동물을 키우고 있는 캐나다 인구의 18%가 코로나19 이후 동물을 입양한 것으로 나타났다. 한편 이중 38%가 18-24세의 젊은 세대인 것으로 드러났다.

 반려동물 입양가구가 높아지면서 캐나다 펫 시장은 호황이다. 유로모니터는 캐나다 펫 케어 시장이 2020년 약 57억5800만 캐나다 달러(5조7535억 원)를 기록하였고 이후 꾸준한 성장에 따라 2025년에는 약 70억 캐나다달러(6조9946억 원)에 이를 것으로 전망하고 있다.

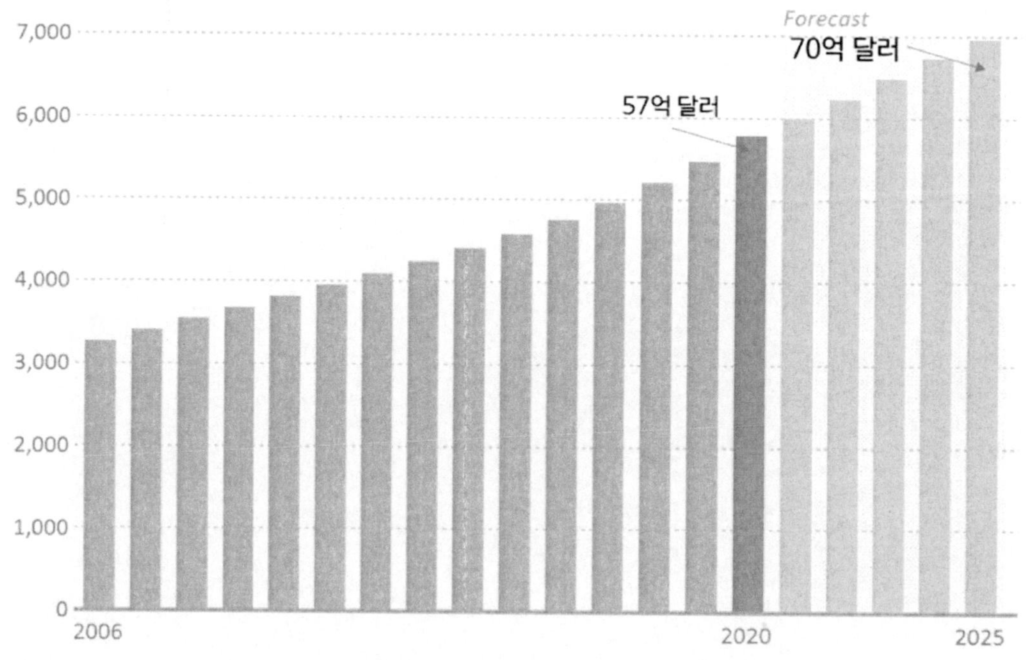

그림 15 캐나다 반려동물 제품 매출액 추이 2006~2025(단위:캐나다달러), 출처 : 유로모니터 제공

3. 영국[5]

영국은 지난해 기준 전체 가구의 59%가 반려동물을 소유하고 있으며 개는 가장 인기 있는 반려동물 유형이다. 반려동물을 키우는 가정 중 33%가 반려견을 키우고 있고, 고양이는 27%, 소형동물(토끼)는 2%의 비중이다.

2020년 반려동물 사료에 대한 시장가치는 29억 파운드(4조5581억 원)며, 수의의료 시장은 21억 파운드(3조3000억 원), 액세서리 시장은 9억 파운드(1조4143억 원)에 달할 정도로 시장이 성숙돼 있다. 그 배경에는 반려동물을 소유하는 영국인들은 반려동물 케어에 많은 비용을 지불해야 하지만 이들은 반려동물을 기르는 이점이 비용보다 더 크다고 인식하고 있는 것으로 해석된다. 같은 맥락으로 글로벌 통계조사업체 Statista에 따르면 설문조사 응답자의 93%가 애완동물을 키우는 것이 행복하다고 말했고, 88%는 애완동물을 키우면서 삶이 개선됐다고 대답했다.

영국 펫푸드 제조업체 협회(Pet Food Manufacturers Association)가 영국 가정 9000가구를 대상으로 한 설문 조사에 따르면 2022년 반려동물 양육 비율은 전년대비 3%증가한 62%를 기록했고, 10가구 중 6가구(62%)가 각 가정에서 어떤 종류의 반려동물을 키우고 있는지 조사한 '2022 PFMA 반려동물 순위'에서 개, 고양이가 각각 1300만 가구, 1200만가정으로 1, 2위를 기록했다.

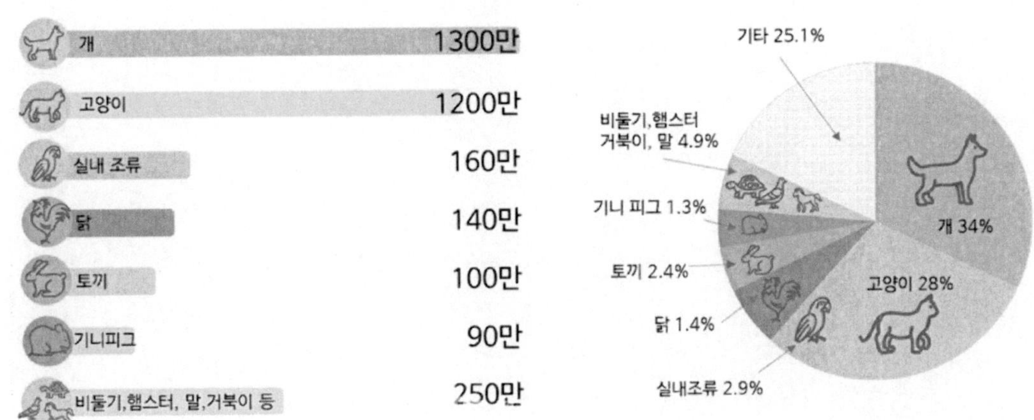

그림 16 2022 PFMA TOP TEN Pets. 자료 : 영국 펫푸드 제조업체 협회 제공

PFMA 니콜 페일리 부국장은 "최근 몇 년 동안 우리는 반려동물 인구가 증가하는 것을 보았고, 많은 사람들이 모든 종류의 반려동물을 통해 삶에 가져다주는 기쁨과

---

5) [2022 펫코노미 시대를 넘어 ⑤] 선진 반려동물 시장 톺아보기 '유럽에서 타산지석' / 한국반려동물신문

동반자 관계를 소중히 여기고 있다는 사실에 놀라지 않을 수 없다"며 "개와 고양이가 계속해서 차트 상위권에 오르고 있지만, 많은 사람들이 작은 포유류, 조류 및 물고기 양육을 즐기고 있다는 것을 보는 것은 즐겁다"고 소감을 밝혔다.

또, 개 훈련 컨설턴트 줄리 나이스미스가 인터뷰 한 900명 중 54 %는 "고용주가 개를 데리고 일하는 것을 허용하지 않으면 퇴사를 고려할 것"이라는 결과가 나올 정도로 반려동물이 삶의 일상이 됐다.

 이러한 결과로 영국의 반려동물 제품 시장은 지난 15년간 꾸준히 성장했다. COVID-19가 발생한 2020년에 시장은 9% 성장에 달해, 시장 가치는 11억4800만 파운드(1조8030억 원)에 이르렀으며 2025년까지 연 평균 성장률은 5~ 6.4%로 예상된다. PMFA의 통계에 따르면 COVID-19팬데믹 기간 동안 3.2백만 마리 이상의 새로운 반려동물이 입양되면서 반려동물 사료 및 액세사리 시장이 계속 증가했고 반려인들에게 반려동물가게가 필수요소로 바뀌는 등 온라인 및 배달 기반 구독 서비스에 눈에 띄는 변화가 있었다고 나타났다.

ㄴ. 독일[6]

 글로벌 통계조사업체 Statista에 따르면 독일은 2020년 COVID-19로 인해 반려동물 시장이 성장했고, 그 원인으로 많은 독일인들은 재택근무를 하거나 줄어든 업무시간 (Kurzarbeit)으로 인해 더 많은 시간을 반려동물과 함께 할 수 있는 것이 꼽힌다.

 독일 반려동물협회(Industrieverband Heimtierbedarf e.V)에 따르면 독일의 반려동물 양육개체수는 2019년 3400만마리에서 2021년 3470만 마리로 증가했고 고양이와 개가 각각 1570만 마리, 1070만마리로 1,2위를 차지했다고 밝혔다.

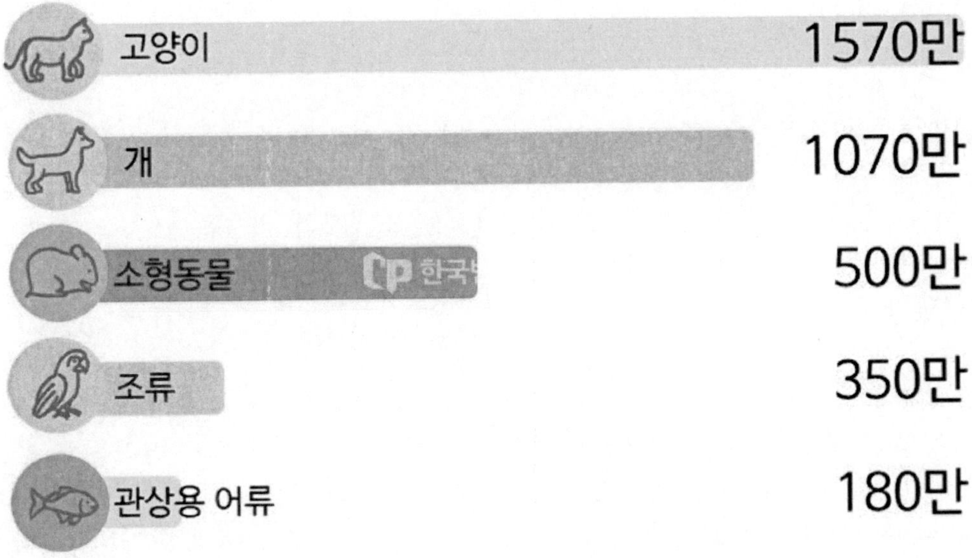

그림 17 독일 반려동물수 추이(2020). 자료 : 독일 반려동물협회(Industrieverband Heimtierbedarf e.V) 제공

 IVH에 따르면 2021년 독일 반려동물용품 시장 규모는 약 60억 유로(8조907억 원) 수준이다. 총 소매판매는 전년대비 6%포인트 증가하여 47억8600만 유로(6조4536억 원), 반려동물 사료의 매출은 최대 36억8500만 유로(4조9690억 원), 반려동물 용품 및 액세서리의 매출은 11억100만 유로(1조4846억 원)에 달했다. 또 유로모니터에 따르면 독일의 반려동물용품 시장은 2020~2025년 연평균 2%의 지속 완만한 성장률을 달성할 것으로 예상된다.

IVH와 Zentralverband Zoologischer Fachbetriebe Deutschlands e.V. (ZZF)의

---

6) 6) [2022 펫코노미 시대를 넘어 ⑤] 선진 반려동물 시장 톺아보기 '유럽에서 타산지석' / 한국반려동물신문

시장조사 기관 인 Skopos가 독일 7000 가구를 대상으로 실시한 대표적인 설문 조사의 결과에 따르면 반려동물은 특히 어린이가 있는 가정에게 높은 인기가 있음을 증명했고, 2021년에는 전체 가족 중 69%가 반려동물을 양육하고 있어 전년대비 3%포인트 증가했다.

많은 단일 가정에서도 반려동물을 기르고 있는 것으로 조사됐는데, 많은 1인 가구의 33%가 2021년 반려동물을 입양했다. 이것은 개, 고양이 등이 사회적 파트너로서, 특히 혼자 사는 사람들에게 중요한 역할을 한다는 것으로 풀이된다. 또 독일의 대부분 반려동물은 다인가정에서 길러지고 있다. 2020년과 마찬가지로 2인가구 비율은 34%며, 3인이상 다인 가구비율은 36%로 조사됐다.

독일 시장 조사원의 설문 조사에 따르면 전 가구의 15 %가 적어도 두 종류 동물을 기르는 것으로 나타났고, 이는 2020년보다 2%포인트 증가한 수치다.

 한편 반려동물 소유자의 연령 구조는 지난 몇 년 동안 거의 변하지 않고 있다. 많은 반려동물 소유자 중 19%는 30세~39세, 18%는 40세~ 49세 사이에 속하며 22%는 50세~59세가 차지하고 있다. 29세까지의 반려동물 소유자의 비율은 18%고, 60세 이상의 반려동물 소유자는 24%로 여전히 가장 큰 비율로 반려동물을 양육하고 있는 것으로 나타났다.

 유로모니터의 2020년 'Pet Care in Germany'에 따르면 독일 펫케어 시장에서 크게 세 가지 트렌드가 형성되고 있는 것으로 조사됐다. △스마트한 반려동물 용품 △반려인의 더욱 세련된 반려동물 액세서리를 선호 △반려동물의 건강 체크, 원격 반려동물 케어 등 디지털 기술 발전이 주목받고 있으며, 특히 반려동물용 GPS 위치 추적기와 관련하여 독일인은 높은 구매 잠재력이 있지만 개인 데이터 보호 강화를 이유로 스마트기기 구입을 망설이는 역설적인 상황이 일어나고 있다.

5. 이탈리아[7]

이탈리아는 10가구 중 4가구가 한마리 이상의 반려동물을 양육하고 있다. 이탈리아 인들이 가장 좋아하는 동물은 개(48.8%)와 고양이(29.6%)이고, 각각 820만 마리, 790만 마리를 양육 중이다.

이탈리아 연구조사업체 'Ufficio Studi Coop'보고서에 따르면 COVID-19로인해 2020년 새로 입양된 350만 마리의 반려동물이 증가했으며, 이탈리아 반려동물 소유자를 대상으로 한 설문조사에서 응답자의 45%가 온라인 채널을 통해 반려동물 제품을 구매하고 있으며, 79 %는 적어도 한 번 온라인으로 구매하고, 53%는 같은 기간 동안 모든 반려동물 제품의 대부분을 온라인으로 구입했다고 답했다.

2021년 이탈리아인의 52%는 적어도 한 달에 한 번 온라인으로 반려동물 제품을 구입하고 있으며, 아마존(Amazon)과 주플러스(Zooplus)는 이탈리아 반려인이 가장 선호하는 전자상거래업체로 아마존은 개 소유자가 선호하고 고양이 소유자는 주플러스를 선호하며, 반려동물 사료와 장난감 등 특정 제품 카테고리는 특히 온라인에서 인기가 높은 것으로 드러났다.

Assalco-Zoomark 보고서에 따르면 2020년 이탈리아 반려동물 사료시장은 전년대비 4.2%포인트 증가했고, 2021년 식료품점, 보편화된 반려동물 오프라인 매장 등에서 24억5900만 유로(3조1735억 원) 이상의 매출을 기록했으며, 판매량도 2%포인트 증가했다.

사료는 가장 빠르게 성장하는 제품으로 전년대비 5.9%포인트 증가했고, 2020년에 가장 큰 증가를 보인 부문은 건강 관리 및 위생으로 △샴푸 및 기타 미용 품목 △훈련 패드 △ 애완 동물 물티슈 △ 브러시 등과 같은 제품이 14.7% 성장한 것으로 드러났다.

'반려동물산업의 지속 가능성 조사'에서 이탈리아의 소비자들은 지속가능성 이슈를 중요하게 생각하고 있으며, 특히 30대 미만은 사회 전만에 걸친 환경적 영향에 대해 우려를 나타냈다. 사료에 관련해서 이탈리아 반려동물 소유자는 △사료 제조업체의 윤리적 원칙 존중 △지속 가능한 포장△지속 가능한 원료 소싱에 관심이 있는 것으로 조사됐다.

결국 윤리경영, 환경보호 등 지속가능한 기업 가치를 제시하고 적용하는 브랜드는

---

7) 7) [2022 펫코노미 시대를 넘어 ⑤] 선진 반려동물 시장 톺아보기 '유럽에서 타산지석' / 한국반려동물신문

기업의 신뢰를 높이고 장기적으로 브랜드 충성도를 높여 더욱 많은 매출을 높일 것으로 기대되며 이같은 트렌드는 전 세계적 현상으로 풀이된다.

ᑲ. 프랑스8)

최근 프랑스인 중 50.5%는 최소 한 마리 이상의 반려동물을 키우고 있으며, 전체 인구의 43.5%가 개 또는 고양이를 키우고 있는 것으로 조사됐다.. 프랑스 반려동물 식품 제조 연맹 'FACCO'가 2년마다 조사하는 2020년 조사에 따르면 반려묘 수는 976만 마리에서 1510만 마리로 꾸준히 증가했으나, 반려견 수는 2000년 904만 마리에서 오히려 감소 추세를 보이며 700만 마리 후반대를 기록하고 있다.

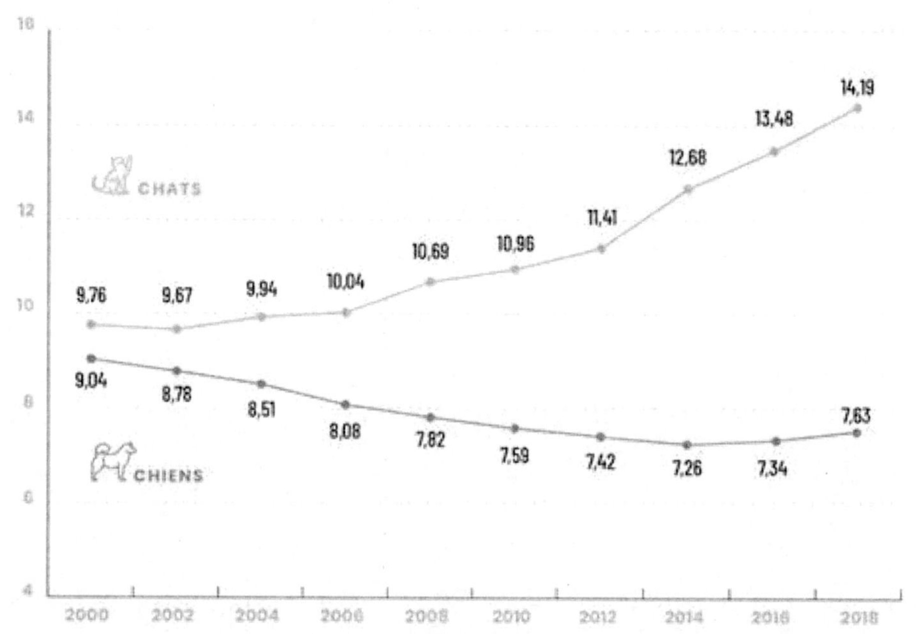

그림 18 프랑스 반려묘 및 반려견 마리수 추이 자료=FACCO제공

프랑스인들이 가장 사랑하는 반려동물인 고양이는 지난해 8% 증가하여 증가율 2위를 기록했고, 반려견은 6% 증가에 그쳤다. 대부분 유럽국가들처럼 프랑스 역시 반려동물을 키우는 가구 수가 증가하면서 지난해 팬데믹으로 인한 경기 침체에도 불구하

---

8) [2022 펫코노미 시대를 넘어 ⑤] 선진 반려동물 시장 톺아보기 '유럽에서 타산지석' / 한국반려동물신문

고 프랑스 내 반려동물 시장은 약 6% 성장하여 50억 유로(6조7422억 원) 규모에 달한 것으로 조사됐다. 프랑스 뉴스 전문 채널 BFM TV에 따르면 이는 10년 전에 비해 1.5배 증가한 수치로, 이중 70%는 반려동물 식품, 25%는 반려동물 용품, 그리고 3%는 반려동물 구매에 따른 매출이다. 이러한 증가에 힘입어 2020년 프랑스인들이 키우는 반려동물 개체수는 7640만 마리다.

프랑스 농산물가공업 컨설팅 전문 업체 Vitagora에 따르면, 2020년 한 해 프랑스인들은 1인당 평균 800유로(약 107만 원)를 반려견과 반려묘를 위해 지출했고, 대부분 사료 구매에 사용한 것으로 드러났으며 반려동물 시장 규모가 커짐에 따라 반려동물 식품에 대한 관심 역시 높아졌다.

프랑스는 이미 오래 전부터 유기농 사료를 비롯해 글루텐 프리, 베지테리언, 비건, 자연주의 등 다양한 이슈가 반려동물 식품 시장을 지배하고 있으며, 특히 '내추럴 펫푸드(합성보존료, 인공향료 등을 첨가하지 않은 자연식품)' 규모가 2019년 1억1000만 유로(1483억 원)에서 2021년 2억7000만 유로(3640억 원)로 급성장할 것으로 예상되고 있다. 이는 최근 실시된 한 설문조사에서 전체 응답자의 79%가 자신의 반려동물에게 인간이 먹을 수 있는 수준의 양질의 먹이를 제공하고 싶다고 답한 것과 같은 맥락이다.

Vitagora가 2020년에 발표한 설문조사에서 전체응답자중 84%가 반려동물 사료를 선택할 때 자연 재료 함량이 높은 제품을 선호한다고 응답했으며, 73%는 100% 자연 재료(최소한의 가공으로 첨가제를 넣지 않은 제품)를 사용한 사료를 구매하기 위해서라면 더 많이 지출할 마음이 있다고 답했다. 이러한 프랑스 소비자들의 소비성향이 반영돼 실제 대형마트 반려동물 사료 코너에서 유기농 또는 자연 재료 사료의 비중이 20% 증가한 것으로 나타났다.

그밖에 펫테크 기업 역시 성장하고 있다. 개와 고양이를 위한 온라인 보험 스타트업체 Dalma는 200만 유로를 투자금 받아 반려동물 보건증 제공 및 48시간 내 보험금 환급 등의 서비스를 제공하고, Japhy는 반려견의 나이, 몸무게, 알러지 등을 고려한 맞춤형 사료를 제공하는 서비스를 론칭했으며 지난 가을 700만 유로의 투자를 유치하는 데 성공하였다. 또한 글로벌 기업 Nestle사 역시 이같은 트렌드에 발맞춰 지난 2020년 펫테크 스타트업 인큐베이션 프로그램을 런칭했다. 일간지 르피가로(Le Figaro)에 따르면, Nestle사는 사료뿐만 아니라 펫케어를 위한 기술 개발까지 아우르는 광범위한 분야의 펫테크 기업들의 응모를 받아 총 6개의 기업을 선발했다. 이중 반려동물 주인과 펫시터 간의 소통을 위한 시스템 'Cat in a Flat'은 프랑스에서 출시, 현재 서비스를 제공 중이다.

  한편, 프랑스는 반려동물을 키우는 가정이 꾸준히 증가하는 만큼 동물보호를 위한 규제 역시 엄격해지고 있다. 르피가로에 따르면 2021년 프랑스 국회에서는 2024년부터 펫샵에서의 개와 고양이 판매를 금지하는 법안을 통과시켰다. 다만 개와 고양이에 한정된 것으로 다른 반려동물은 금지 대상에서 빠졌다.

  이번에 통과된 법은 반려동물의 온라인 판매 및 입양을 규제하는 가이드 라인을 마련, 일반인을 대상으로 하는 온라인 판매를 금지하고, 동물 구조 센터 등 특수 목적을 가진 단체 또는 기업만 온라인 판매 및 입양을 진행할 수 있도록 했다. 동물의 권리를 보호하기 위한 이러한 여러 조치들이 앞으로 프랑스 반려동물 시장에 미칠 영향에 대해 관심이 높으며, 현재 우리나라의 동물보호법과 반려동물 산업에 시사하는 바가 크다.

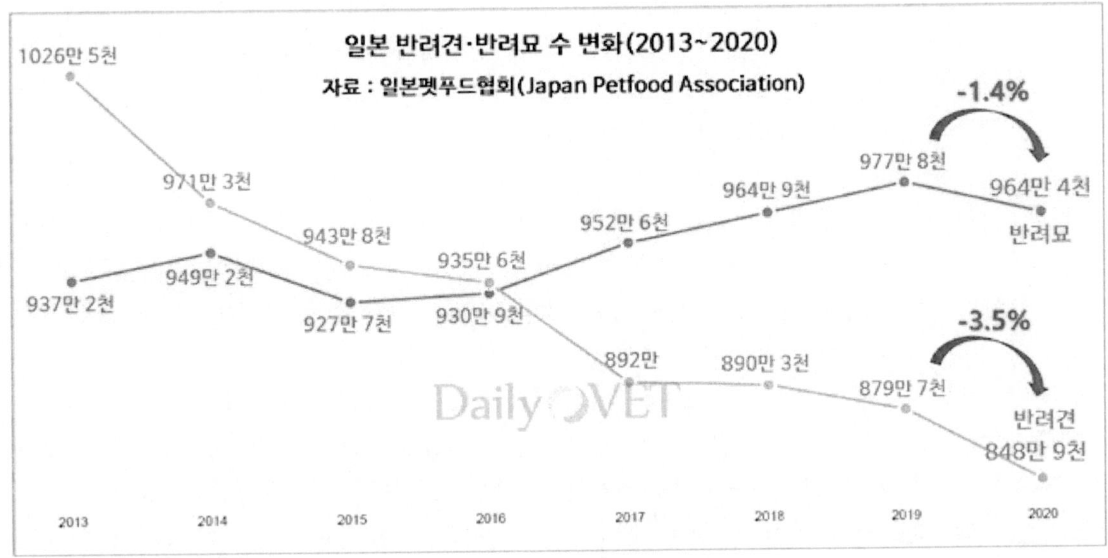

코로나19로 전 세계 개·고양이 숫자가 대폭 증가했지만, 일본은 오히려 반려견, 반려묘 수가 모두 감소한 것으로 나타났다.

유로모니터가 발표한 반려동물 시장 전망 보고서(Pet Care Outlook)에 따르면, 2020년 개, 고양이 숫자는 전 세계 모든 대륙에서 증가했다. 북미, 서유럽, 오스트레일라시아, 동유럽, 라틴아메리카, 아시아태평양, 중동 및 아프리카에서 모두 전년보다 반려견·반려묘 수가 늘어났으며, 아시아태평양을 제외하면 2014~2019년 평균보다 개·고양이 수 증가율도 커졌다. 하지만, 이런 글로벌 트렌드와 달리 일본은 오히려 개·고양이 숫자가 줄어들었다.

일본펫푸드협회(JPFA)의 최신 자료에 따르면, 2020년 일본의 반려견은 총 848만 9천 마리로 전년(879만 7천 마리) 대비 3.5% 감소했다. 작년까지 일본의 최신 반려동물 시장 트렌드는 '개는 줄고, 고양이는 늘었다'였다. 개는 2013년 1026만 5천 마리에서 꾸준히 줄어 들어 2019년 879만 7천 마리까지 감소한 반면, 고양이 수는 꾸준히 증가해 2016년을 기점으로 개 숫자를 넘어섰기 때문이다. 그런데 4년 연속 증가하던 일본의 고양이 수도 작년에 줄었다. 5년 만에 감소세로 돌아선 것이다. 반려견 양육가구 비율(11.85%)과 반려묘 양육가구 비율(9.60%)도 전년 대비 각각 0.7%P, 0.09%P 감소했다. 흥미로운 점은 지난해 처음으로 길러진 개, 고양이 숫자는 많았다는 점이다. 일본펫푸드협회에 따르면, 46만 2천마리의 반려견이 지난해 처음 길러졌는데, 이는 전년 대비 14% 증가한 수치다. 반려묘도 48만 3천마리가 지난해 처음 길

---

9) 전 세계 다 늘었는데...반려견·반려묘 모두 줄어든 '일본' / 데일리벳

러졌다. 일본펫푸드협회 관계자는 "코로나19 팬데믹에 의한 봉쇄 조치의 영향으로 새로운 개, 고양이 입양이 증가했다"고 분석했다. 새로운 개, 고양이 입양이 늘어났음에도 전체 반려견, 반려묘 숫자가 줄어든 것은 사망한 개체가 많기 때문이다. 일본은 이미 2016년에 전체 반려견, 반려묘의 절반이 노령동물에 접어들었다. 2020년 기준, 일본 반려견의 평균 수명은 14.48세로 전년 대비 0.3% 늘어났으며, 반려묘의 평균 수명은 15.54세로 전년 대비 2.8% 증가했다.

한편, 일본에서는 '펫테크' 또한 새로운 반려동물 시장의 키워드로 떠오르고 있다. 애완동물 테크(PetTech)는 애완 동물과 Technology(기술)을 조합한 신조어로, IT기술을 활용한 애완동물 사육자를 지원하는 제품이나 서비스의 총칭이다.

일본 애완동물 테크 시장 규모는 2018년도부터 2023년도까지의 연평균 성장률(CAGR) 46.7%로 추이, 2023년도에는 소매 금액 기준으로 50억 3,000만 엔까지 확대될 전망이다. 특히 목에 간단히 착용 가능한 팬던트식 태그와 캡슐형 태그가 인기를 끌고 있으며, AI 등의 기술이 실용 레벨까지 진보하여 새로운 제품 아이디어로 전체 시장이 확대되고 있는 것으로 보인다. 애완동물 테크 제품은 개발 용도가 유사하더라도 사용하는 기술과 방법은 다양하므로, 사육자 요구에 대응하여 사양이나 기능 등에서 기술 개발을 진행할 필요가 있다.

1) 식품산업

일본 펫푸드 연간 판매량 및 매출액(단위 : 톤, 100만엔)						
자료 : JPFA	2015	2016	2017	2018	2019	2018 ~2019
반려견 펫푸드(매출액)	134,394	138,100	132,143	137,480	142,264	+3.5%
반려견 펫푸드(판매량)	288,122	294,844	281,083	271,212	262,360	-3.3%
반려묘 펫푸드(매출액)	119,594	136,097	145,313	154,470	166,624	+7.9%
반려묘 펫푸드(판매량)	247,798	273,766	285,790	296,533	303,527	+2.4%
기타 펫푸드(매출액)	11,569	11,411	10,224	10,413	10,470	+0.5%
기타 펫푸드(판매량)	28,987	28,811	29,397	25,780	26,912	+3.6%

2019년 기준 일본의 펫푸드 시장 규모는 3193억 5800만엔(약 3조 3천억원)으로 전년(3023억 6300만엔) 대비 5.6% 커졌다. 일본산 사료가 1430억 800만엔으로 전체 시장의 45%를 차지했으며, 수입산 사료가 1763억 5천만엔으로 55%를 차지했다.

일본의 주요 펫푸드 수입국은 태국(33.0%), 미국(16.4%), 프랑스(16.0%), 호주(7.8%), 중국(6.5%) 등이었다. 일본의 2020년 펫푸드 판매량과 매출액은 대부분 성장했는데, 유일하게 '반려견 펫푸드 판매량'만 전년 대비 3.3% 감소했다. 반려견 펫푸드 판매량이 감소했음에도, 전체 매출액은 3.5% 증가한 1422억 6400만엔(약 1조 4700억원)을 기록했다. 일본 반려견 보호자들의 펫푸드 소비가 '프리미엄화'되고 있다는 점을 알 수 있다. 2019년 기준, 반려묘 펫푸드 매출액은 전년 대비 7.9% 증가한 1666억 2400만엔(약 1조 7200억원)이었으며, 판매량은 전년 대비 2.4% 증가한 30만 3527톤이었다.

반려동물 건강에 대한 관심이 늘어나면서 프리미엄 사료 및 고령식 사료의 수요가 높아졌다. 일본에서는 반려동물이 자신의 가족이라고 생각하는 경향이 강하고 초고령화 사회인 일본에서 자신의 건강을 중요하게 생각하는 만큼 반려동물의 건강도 중요하게 생각하고 있어 건강에 좋은 프리미엄 사료가 인기이며, 고령 반려동물을 위한 고령식 사료도 주목받고 있다.

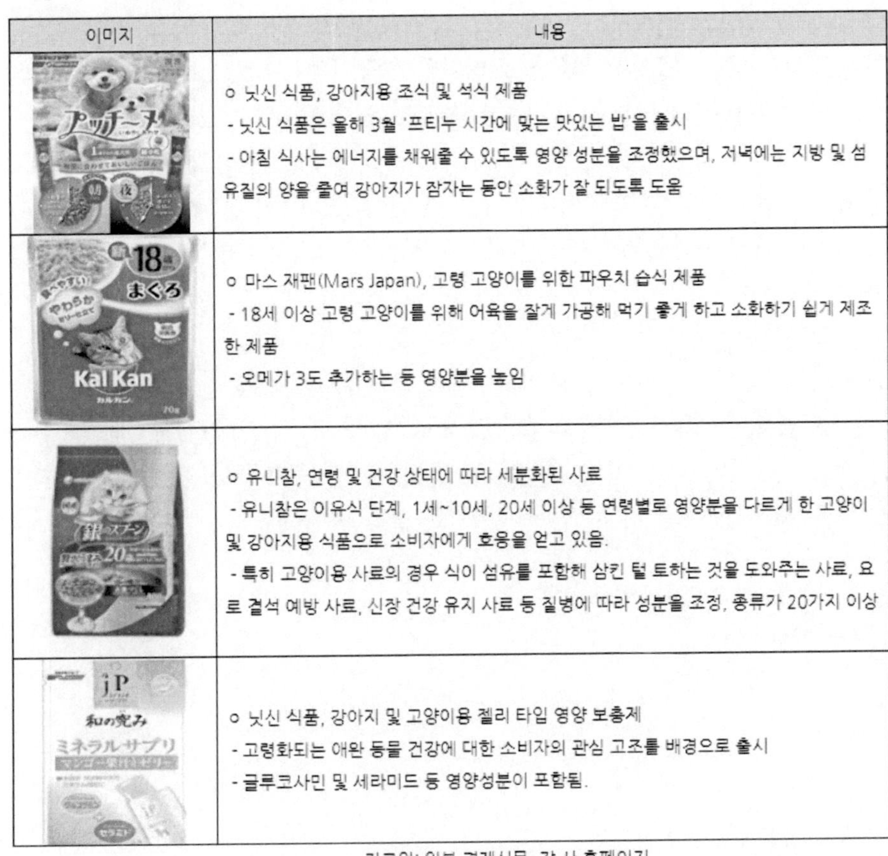

이미지	내용
	○ 닛신 식품, 강아지용 조식 및 석식 제품 - 닛신 식품은 올해 3월 '프티누 시간에 맞는 맛있는 밥'을 출시 - 아침 식사는 에너지를 채워줄 수 있도록 영양 성분을 조정했으며, 저녁에는 지방 및 섬유질의 양을 줄여 강아지가 잠자는 동안 소화가 잘 되도록 도움
	○ 마스 재팬(Mars Japan), 고령 고양이를 위한 파우치 습식 제품 - 18세 이상 고령 고양이를 위해 어육을 잘게 가공해 먹기 좋게 하고 소화하기 쉽게 제조한 제품 - 오메가 3도 추가하는 등 영양분을 높임
	○ 유니참, 연령 및 건강 상태에 따라 세분화된 사료 - 유니참은 이유식 단계, 1세~10세, 20세 이상 등 연령별로 영양분을 다르게 한 고양이 및 강아지용 식품으로 소비자에게 호응을 얻고 있음. - 특히 고양이용 사료의 경우 식이 섬유를 포함해 삼킨 털 토하는 것을 도와주는 사료, 요로 결석 예방 사료, 신장 건강 유지 사료 등 질병에 따라 성분을 조정, 종류가 20가지 이상
	○ 닛신 식품, 강아지 및 고양이용 젤리 타입 영양 보충제 - 고령화되는 애완 등물 건강에 대한 소비자의 관심 고조를 배경으로 출시 - 글루코사민 및 세라미드 등 영양성분이 포함됨.

자료원: 일본 경제신문, 각 사 홈페이지

이러한 수요에 대응해 일본은 시간대 및 연령과 성별로 영양성분을 조정한 사료 및 젤리, 퓨레 등 다양한 형태의 반려동물용 프리미엄 사료와 고령식 사료가 출시되고 있다.

코로나19 팬데믹 상황으로 인한 경제 위기 속에서도 일본의 반려동물 보호자들이 슈퍼 프리미엄 반려동물 사료를 선호하면서 일본 반려동물 사료의 프리미엄화가 가속화되고 있다.

미국 농무부 해외농업국(USDA FAS)의 글로벌 농업정보 네트워크(GAIN)에서 발간된 '일본의 반려동물 사료 시장 개발에 대한 보고서'에 따르면, 일본은 슈퍼 프리미엄 반려동물 사료에 대한 수요 증가와 함께 건강·치료용 반려동물 전문 식품에 대한 수요가 증가했다. 질병 예방, 알레르기 없는 비타민/보충제, 글루텐 프리, 저 탄수화물, 고단백 등 반려동물의 건강과 치료를 위한 특수 반려동물 식품이 대표적이다.

비즈니스 데이터 제공업체인 후지 게이자이는 2019년 일본 프리미엄 반려동물 식품 매출이 2018년 대비 3.7% 증가했으며 시장가치는 724억 엔(한화 약 7,364억 원)에 이른 것으로 추정하고 있다.

또한 GAIN 보고서는 몇 년만 더 있으면 그 숫자는 1,000억 엔 이상으로 증가할 수 있다고 밝혔다. GAIN 보고서는 일본 정부가 2020년 4월 7일 코로나19에 대한 비상사태를 선포한 이후 반려동물에 대한 수요가 급증하고 있다고 지적했다. 6개월이 지나자 일본의 반려견과 반려묘의 개체 수는 약 1,813만 마리에 달하게 됐다. 코로나19로 인해 어떤 상황이 벌어질지 예측되지 않는 여러 달을 보내며 반려동물 보호자들은 반려동물 사료를 비축하기도 했다. 그로 인해 반려동물 사료의 판매는 10~15% 증가했다.

그러나 관련 산업 전문가들에 의하면 일본의 이러한 성장은 일시적인 것이라고 해석되기도 한다. 이유는 일본의 반려견 개체 수의 감소로 인해 전체 반려동물 개체 수는 그간 지속해서 감소하고 있었기 때문이다. 반려묘 개체 수가 증가하고 있기는 하지만, 반려견 개체 수 감소를 따라잡지 못하고 있는 것으로 알려졌다.[10]

---

10) 일본, 코로나19 팬데믹 상황속에서 반려동물 사료의 슈퍼 프리미엄 가속화. 2021.4.12. 한국애견신문

2) 용품산업 [11]

일본은 2010년대 초반부터 시작된 '고양이붐'으로 고양이 관련 시장이 급성장하고 있다. 이로 인해 '네코노믹스'라는 신조어도 등장했다.

12)

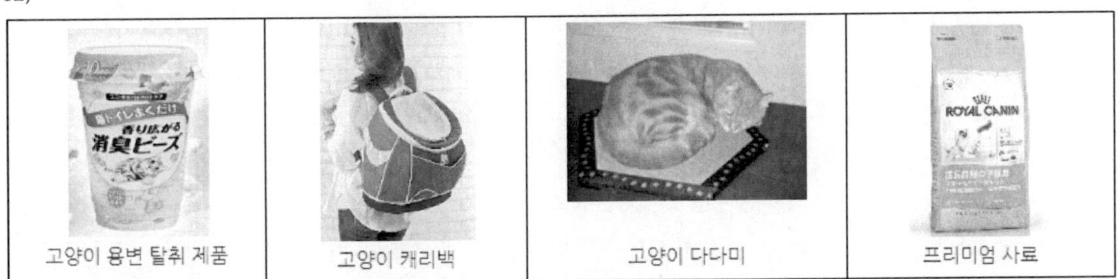

그림 21 급성장하는 고양이 관련 제품

이에 따라 고양이의 습성에 잘 맞으면서 좀 더 쉽게 고양이를 키울 수 있게 해주는 상품에 대한 수요가 늘어나고 있다.

대표적인 예로, 고양이 대소변의 냄새를 없애주고 항균효과를 높인 시트 및 비즈, 고양이의 습성에 맞게 밖이 보이지 않도록 설계한 고양이 캐리백, 좁은 장소를 좋아하는 고양이의 특성을 살린 고양이용 다다미 등이 인기다.

13)

그림 22 NEC의 반려동물 감시카메라 Aterm

---

11) KOTRA 해외시장뉴스 2016.05.24. 일본 바이어, 한국 반려동물 제품 "우수해요!"
12) 자료원 : 각 사 홈페이지
13) 자료원 : 일본경제신문

[14]IoT 기술을 활용한 반려동물 비즈니스도 인기를 끌고 있다. NEC그룹은 2015년 2월 스마트폰으로 원격 조정해 빈집의 상황을 확인할 수 있는 센서기능 부탁 네트워크 카메라 'Aterm'을 발매했다.

Aterm은 온도 센서 및 적외선 리모컨 기능 등을 탑재한 네트워크 카메라와 Wi-Fi 설정이 완료된 access point(무선 LAN에서 기지국 역할을 하는 소출력 무선기기)가 세트로 구성되어있다. 리모컨에는 구요 제조사의 에어컨과 TV, 조명의 리모컨 정보가 설정돼 있기에 전용 앱의 리모컨 기능을 사용해 에어컨의 온도 조절이 가능해 불을 켜고 끌 수 있다. 시장가격은 3만 엔 전후로, 반려동물을 집에 홀로 두고 외출하는 직장인들의 수요를 노렸다.

이외에도 후지쯔의 '원던트', NTT도코모의 '펫핏'은 반려견의 하루 걸음 수를 측정해 그래프로 주인에게 통지하는 서비스를 제공하고 있다. 반려견의 매일의 걸음 수 비교를 통해 애견의 컨디션 변화 및 수술 후의 회복상황 등의 체크를 할 수 있다.[15]

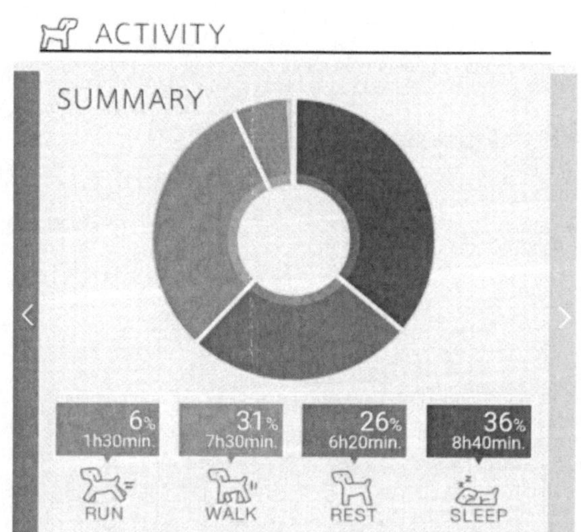

그림 23 NTT도코모의 '펫핏' 서비스 화면

위에서 소개된 '펫핏'은 애견의 섭취 칼로리를 관리하는 기능도 보유하고 있다. 주요 사료 메이커의 칼로리 정보가 사전에 등록돼 있어 품명과 배급량을 입력하면 하루에 어느 정도 칼로리를 섭취했는지를 자동으로 계산해줘서 반려견의 식생활 개선과 행동량에 맞는 적정 칼로리 섭취 조정 등 반려견의 컨디션 컨트롤이 가능해지도록 돕는다.

---

14) KOTRA 해외시장뉴스 2015.09.30. 일본, 펫 IoT 인기
15) 자료원 : NTT도코모

16)대기업 샤프(SHARP)도 첨단 반려동물 시장에 뛰어들었다. 고양이의 체중 데이터나 소변량을 측정하는 전용 화장실 '펫케어모니터'는 IoT, AI 기술을 활용한 첨단 고양이 화장실로 고양이의 건강상태를 실시간으로 점검할 수 있는 제품이다. 주인은 측정된 데이터를 스마트폰 앱 'COCOROPET'으로 고양이의 건강상태를 알 수 있다. 소변의 양과 횟수, 체중과 머무른 시간 등이 샤프 클라우드에 자동으로 전송되고 축적되면 AI가 데이터를 분석해 이상징후를 앱을 통해 알려준다. 여러 마리의 반려동물을 기르는 가정을 위해 '개체 식별 배지'도 판매하고 있다. 최대 3마리까지 구분해 건강상태를 점검할 수 있으며, 배지는 약 9g으로 가볍고 방수기능까지 갖춰 반려동물이 착용하는 데 불편함을 느끼지 못하도록 개발되었다.

반려동물시장이 활성화되면서 동물병원의 경쟁이 가속화됨에 따라 타 병원과의 차별화를 위해 펫 IoT기기를 사용하는 동물병원도 나타나기 시작했다. 반려동물 IoT 기기를 사용해 기록한 데이터를 받아 분석 소프트웨어를 통해 질병을 예측한 뒤 발병 전에 내원을 권유하거나, 반려동물의 발병 시기 이외에도 정기적으로 병원에 다니도록 함에 따라 사업의 활성화를 꾀하려는 시도이다.

17)고령자를 위한 산책용품도 있다. 산책 시간과 빈도가 전 세대 중 가장 길고 잦은 70대 고령자가 반려동물과 안전하게 산책할 수 있도록, 용품의 수요가 증가할 전망이다. 18)또한, 반려동물들이 늙어감에 따라 고령반려동물을 위한 구강 관리용품의 수요가 늘어나고 있다. 이는 보다 편리하게 고령반려동물을 관리하고, 이웃에 대한 매너를 지키기 위한 것으로 보인다.

구강 관리용품의 예를 들면, 치주염 예방을 위한 젤리, 구취 및 치석 제거를 위한 스프레이 등 다양한 제품이 출시되고 있다.

그림 24 반려동물 구강관리제품

16) KOTRA, 2018.09.11. – 일본 대기업도 뛰어드는 첨단 애완용품 시장
17) **KOTRA, 2018.09.11. – 일본 대기업도 뛰어드는 첨단 애완용품 시장**
18) KOTRA 해외시장뉴스 2017.08.25. 日 반려동물도 고령화시대, 이런 제품이 뜬다

한편, 반려동물의 건강 및 편리함을 추구하는 소비성향에 따라 스기 약국 등 약국채널(drug store) 및 온라인 쇼핑 시장을 찾는 소비자가 증가하고 있다.

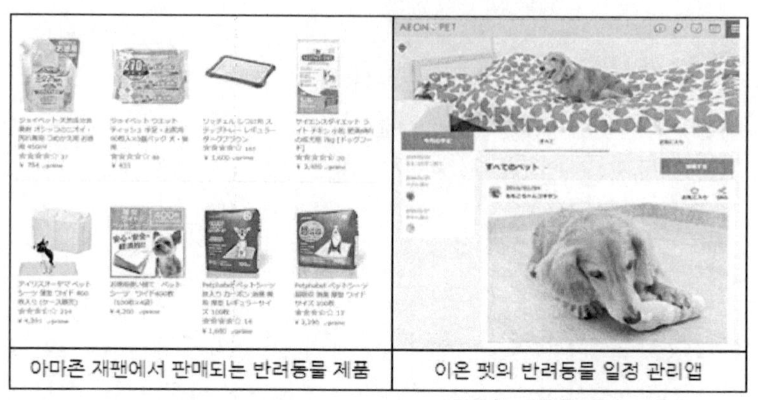

자료원: 아마존 재팬, 이온펫

그림 25 인터넷 판매도 확대되고 있는 반려동물 제품

이러한 추세를 반영해 반려동물용 최대 유통기업인 이온 펫(Aeon Pet)도 대형 매장에 더해 SNS 홍보를 강화하고 반려동물 일정 관리 앱을 출시하는 등 온라인 판매 확대를 위해 노력하고 있다. 일본의 반려동물시장은 고양이 관련 용품의 성장, IoT 기술과의 접목, 고령반려동물을 위한 용품들이 빠른 속도로 발전하고 있다. 이러한 점에 주목해 건강 및 편리함을 키워드로 고부가가치 제품 시장에 도전하는 기업들이 늘어나고 있다. 또한 반려동물의 양육자들도 고령화되고 있다는 점에서 반려동물을 키우는 수고를 덜 수 있는 방향의 제품 개발이 필요할 것으로 보인다.

3) 서비스산업

[19]일본은 반려동물의 고령화로 인해 병원비 부담이 증가하면서 반려동물 보험시장과 장례서비스가 성장하고 있다. [20]일본의 반려동물 보험 가입률은 빠른 속도로 증가하고 있다. 반려동물 보험을 전문적으로 다루는 보험사가 있기 때문이다. 대표적으로 반려동물보험 시장 점유율 1위를 차지하는 '애니콤 손해보험'이 있다. 반려동물 보험이 성공하기 위해서는 보험사가 진료비를 정확하게 예측하는 게 중요하다. 애니콤은 직원 600여 명 가운데 100여 명이 수의사 출신으로 이루어져 있어 반려동물 전문가를 육성하여 문제를 해결하고 있다. 애니콤은 자체 개발한 전자차트 시스템을 동물병원에 제공한 다음, 진료비 통계를 모아서 정확한 보험료율을 산정하는 데 쓰고 있다.

동물사체 화장의 경우 비용이 6천 엔~4만 엔 정도, 납골당 관리비는 1년에 2만 엔

---

19) 팸타임즈 2016.09.22. [반려동물 시장② 일본] 고령화로 장례·보험 서비스 인기
20) ECONOMY Chosun 2018.05.21. - 동물병원 카드 결제액 8000억원 육박..5년 새 두 배

수준이나 업체별로 편차가 큰 것으로 확인됐다. 또한 일본의 어느 보험회사에서는 반려동물이 사망 시 조·부모 사망 때처럼 최대 3일간 휴가를 주는 파격적인 제도를 도입했다. 회사측은 반려동물을 잃은 슬픔은 가족을 잃었을 때의 슬픔과 다를 바 없기 때문에 가족을 애도하는 것과 마찬가지로 휴가를 장례 등에 썼으면 좋겠다고 설명했다. 그리고 반려동물 장례 휴가뿐만 아니라 홀로 남겨진 반려동물에게 유산을 남겨주는 금융상품도 출시됐다. 일본에서 판매되는 '펫신탁'은 현재 주인이 사망하거나 병 등의 이유로 반려동물을 돌보지 못할 경우를 대비해서 본인 사망 후 반려동물을 돌봐줄 새로운 주인에게 자금을 주기 위해 만들어졌다.

21)

그림 26 일본의 반려동물 화장시설을 갖춘 트럭

이외에도 일본은 반려동물을 위한 여러 서비스들을 제공하고 있다.22)일본 치바현 의 이온몰 마쿠와리점은 그랜드몰, 엑티브몰, 패밀리몰, 펫몰(펫코스) 등 4개의 섹션으로 구분돼 있다.

펫코스 1층에는 동물병원, 미용실과 훈련소, 재활센터 등이 있고, 2층 전층은 애견용품으로 구성돼있다. 국내에도 하남의 '펫프라자'가 이러한 시설들을 갖추고 있으나 규모 면에서 펫몰과 비교할 수 없었다.

---

21) 중앙일보 2017.06.27. 미국 동물묘지 600곳 '정부예산·기부금' 운영… 일본, 화장시설 갖춘 트럭이
    집 앞까지 찾아가
22) 스카이데일리 2016.06.20. 반려선진국 일본, 사람처럼 대접받는 동물의 천국

그림 27 일본 이온몰의 반려동물 섹션 '펫코스'

펫몰 1층에는 병원이나 재활센터를 찾는 고객들을 위한 대기실이 있는데, 고객들이 편히 쉴 수 있도록 카페처럼 꾸며놨다. 대기실을 중심으로 다양한 시설들이 있는데, 시설 모두가 통유리로 되어 있어 반려동물이 치료받는 모습을 지켜볼 수 있다.

반려동물 미용실도 통유리로 만들어져 내부를 볼 수 있으며, 반려동물이 바로 미용을 시작하는 것이 아니라 미용사와 반려동물이 충분히 친해진 뒤 미용을 시작한다. 우리나라의 반려동물 미용실과는 사뭇 다르다.

실외에는 반려동물 운동장(도그런)도 준비돼있다. 이렇게 쇼핑몰 곳곳에서 고객과 반려동물을 위한 페코스 측의 세심한 배려를 볼 수 있다. 또한, 치바현 동북쪽에는 일본 최초의 반려동물테마파크 츠쿠바 왕왕랜드가 있다. 왕왕랜드는 1996년 개장 당시 연간 70만 명이 찾는 관광명소였으나 이후 일본 전역에 반려동물테마파크가 생기면서 입장객이 크게 감소했다.

최근에 지어진 다른 테마파크에 비해 시설은 낙후됐지만 관리와 운영 측면은 새로운 테마파크 못지 않다. 왕왕랜드는 동물병원, 미용실, 체험장, 훈련소, 이벤트 장소, 반려견 운동장 등 다양한 시설이 있다. 이외에 일본 최고의 훈련사를 양성하는 애견전문학교 츠쿠바 국제펫전문학교가 있으며, 노령견 요양시설과 납골당까지 마련되어있다.

도쿄에는 반려견을 위한 온천도 있다. 도쿄 오다이바에 있는 오오에도 온천테마파크의 명소 중 하나는 츠나요시탕이다. 탕의 이름은 개 애호가로 유명한 토쿠가와 츠나요시의 이름에서 따왔다. 이곳 츠나요시탕에는 사람과 반려견이 함께 들어가도 되고, 반려견만 즐길 수도 있다. 이곳에서는 반려동물을 위한 온천뿐만 아니라 미용과 피부

케어, 수영 프로그램까지 선택할 수 있다. 탕 안에는 스탭이 항상 대기하며 안전사고를 미연에 방지하기 때문에 주인은 마음 놓고 츠나요시탕 옆에 있는 테마파크 온천을 즐길 수 있다.

그림 28 도쿄 오오에도 온천테마파크

ㄴ) 의료산업

일본의 반려동물 시장규모는 1조4000억 엔 이상이며, 사료시장, 용품시장, 의료 및 의료기기 시장 순의 규모를 형성하고 있다. 의료시장은 70% 이상이 동물병원이며, 동물용 의료기기 시장은 매년 빠르게 성장하고 있다.[23]

[24]또한 일본에서는 고령화된 노인뿐만 아니라 노인들이 키우는 노령 반려동물을 위한 의료관련 산업이 성장산업으로 주목받고 있다. 일본인들이 사랑하는 반려동물 고양이의 평균 수명이 갈수록 늘어나면서 20세를 넘는 고양이의 수도 크게 증가했다. 이에 따라 노령 반려동물의 위한 사료, 의료 및 의료용품, 의약품 등의 산업이 발달하고 있다.

---

23) ㈜메디엔인터네셔날 2014.12.05. 동물용 의료기기 시장현황 및 산업발전 방안
24) 노트펫 2016.03.24. 일본, '노령 반려동물'대상 산업이 뜬다

그림 29 반려견이 걸을 때 무리가 가지 않도록 돕는 보조장치

일본의 한 교복업체는 출산율 하락으로 인해 주력사업 쇠퇴할 것을 예상해 2014년부터 반려동물 용품 시장에 뛰어들었다. 현재 이 회사는 노령견의 산책을 돕는 특수 벨트를 제작해 판매하고 있다. 이 벨트는 엉덩이를 다치거나, 다리가 약해진 노령견이 서고, 걸을 수 있도록 지탱해준다. 견종의 크기와 체형에 맞춰, 다양한 색상과 디자인으로 40종을 내놨다.

그림 30 반려견 휠체어

[27]특히, 시장 선도 기업인 '유니참'은 경요실금을 앓는 노인을 위한 기저귀를 발매한데 이어 요실금을 앓고 있지만, 아직은 활동할 수 있는 반려동물을 위한 기저귀 매너 웨어(Manner Wear)를 발매해 소비자로부터 호응을 얻었다.

---

25) 데일리펫 2016.03.20. [전시]우리 아이가 아파요!
26) Rakuten GlobalMarket
27) KOTRA 해외시장뉴스 2017.08.25. 日 반려동물도 고령화시대, 이런 제품이 뜬다

그림 31 반려동물용 기저귀 '매너웨어'

8. 중국[28]

  2021년 개와 고양이 같은 반려동물을 키우는 인구는 6,844만 명으로 이 중 절반이
지우링허우(90後, 90년대생)이다. 현재 중국 내에서 반려동물을 키우는 인구는 계속
늘고 있고, 반려동물에 대한 인식이 증가함에 따라 관련 소비가 대폭 늘어나는 추세
를 보인다. iimedia에 따르면 2022년 중국의 반려동물 경제산업 규모는 전년 동기 대
비 25.2% 증가하여 4,936억 위안에 달했으며, 2025년 시장 규모는 8,114억 위안에
달할 것으로 예상된다.

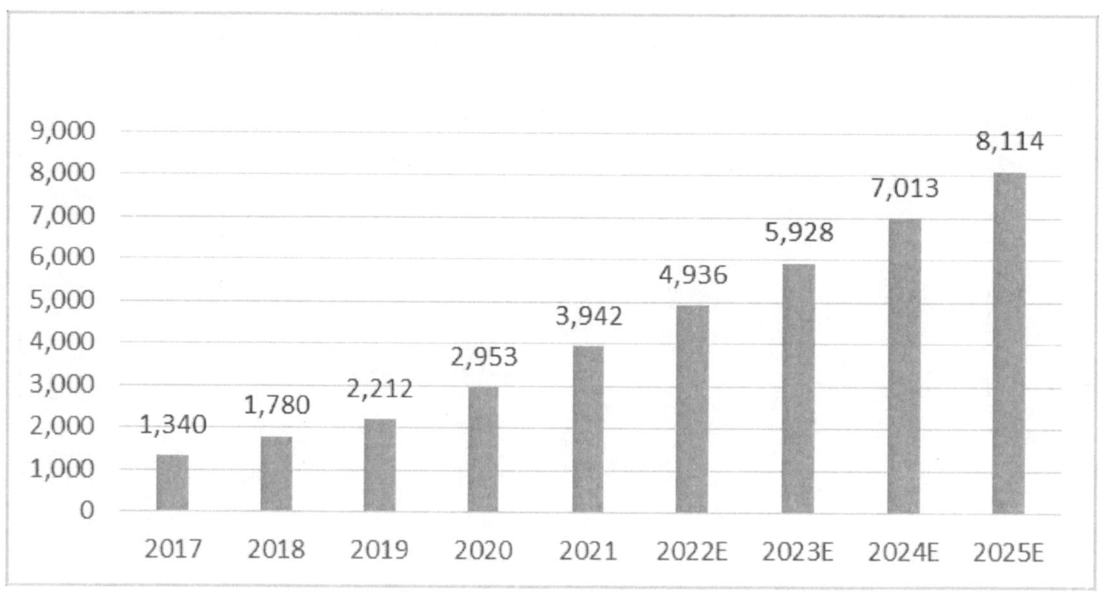

그림 32 [자료 : iimedia, 36커진연구원(36氪研究院)]

  최근 중국 반려동물 시장 규모는 빠른 발전을 이루고 있다. iimedia의 데이터에 따
르면 2021년 반려동물 시장규모는 3942억 위안, 2022년에는 4936억 위안을 돌파할
것으로 예상하고 있다. 또한 징둥(京东)이 발표한 2022년 중국 반려동물 업계 트렌드
관찰 백서(2022年中国宠物行业趋势洞察白皮书)자료에 따르면 2022년 중국 내 반려동
물 가정은 1억 가구를 초과할 것으로 예상하는 데, 이는 중국 전체 가구의 약 20%
정도이다. 미국, 일본 등 기타 나라와 비교하였을 때 반려동물의 가정 침투율은 다소
낮은 편이나, 한 가정당 반려동물에 사용하는 연 평균소비금액은 비슷한 것으로 나타
났다.

---

28) 중국 반려동물 산업 발전전망 / 코트라 해외시장뉴스

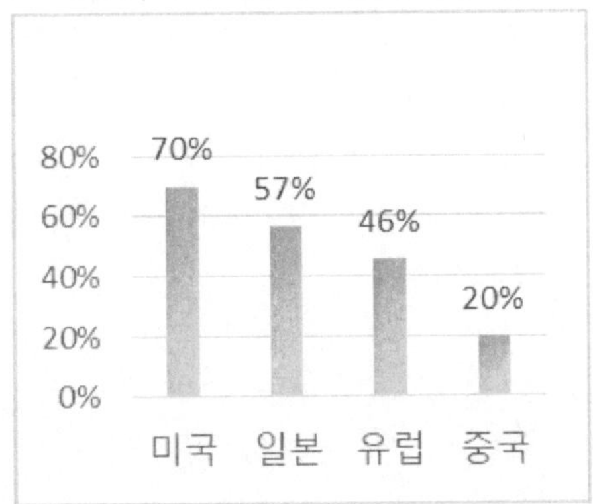

[자료: 2022년 중국 반려동물 소비자 조사(中国宠物消费者调研)]

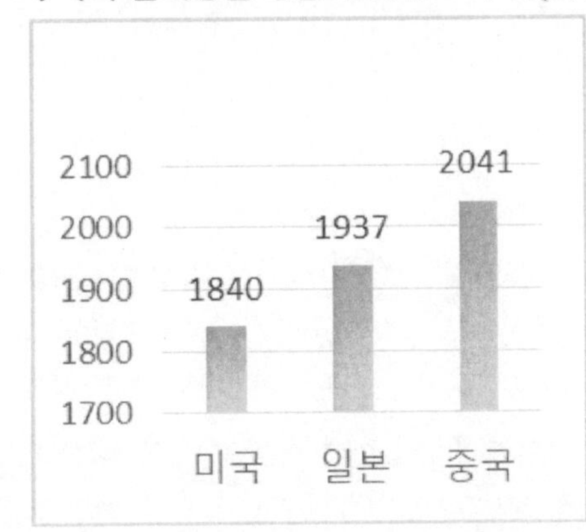

[자료: 2022년 중국 반려동물 소비자 조사(中国宠物消费者调研)]

　중국에서 반려동물과 기술을 합친 용어인 '펫테크(Pet+Technology)' 시장은 아직 초기단계지만 반려동물 케어에 관심이 많은 90/95허우 세대의 구매율이 높아 성장 가능성이 활짝 열려있는 것으로 분석되고 있다. 특히, 자동으로 사료를 주는 급식기, 수질관리가 편리한 필터가 달린 자동 음수기, 직장에서도 반려동물 관찰이 가능한 모니터링 장비 등의 판매율이 높은 편이다.

　업계 관계자는 "국내 기업이 중국 반려동물 관련 시장을 공략하고자 한다면 '펫테크' 제품에 관심을 가질 필요가 있다"며 "중국 펫테크 용품 시장은 가성비가 높은 중국 내수 기업의 점유율이 높은 상황이지만, 디자인과 기능면에서 차별성을 보인다면 충분히 해외 브랜드도 경쟁을 벌일 수 있다"고 전했다. 특히 국내 기업은 중국 내수 기업과 비교해 품질, 가격, 기능적 측면에서 어떤 부분을 강점으로 가져갈지 적절한 포

지셔닝이 필요하다고 분석했다.29)

또한 중국에서 펫코노미가 유망 산업으로 급부상하며 반려동물 전문가 양성기관도 각광받기 시작했다. 최근 반려동물 미용사 자격증 시험을 치르기 위해 관련 수요도 급증하는 추세이며, 중국 펫코노미는 2025년까지 급성장한 후 점차 성숙기에 접어들 것으로 보인다. 궈위안(國元)증권연구센터 등 현지 연구기관들은 중국 펫코노미 규모가 2020년 3000억 위안 수준에 도달했을 것으로 보고 있다. 둥관(東莞)증권은 향후 5년 간 연간 두 자릿수 증가율을 유지할 것으로 전망했다.

그 중에서도 특히 펫테크 기기 분야가 가파른 성장을 보일 것으로 예상된다. KOTRA 베이징무역관은 "바쁜 일상 속에서 편리하게 반려동물을 케어할 수 있도록 기존의 생활가전을 개조하거나 반려동물에 대한 올바른 이해와 양육, 건강관리를 위한 다양한 시스템이 개발되고 있다"며 "향후 인공지능, 사물인터넷 등 4차 산업기술을 접목한 스마트한 반려동물 양육을 위한 제품들이 속속 출시될 것으로 기대된다"고 말했다.30)

1) 식품산업31)

2020년 중국 반려동물 산업 규모는 2,988억 위안으로 전년대비 18.5% 증가하는 등 빠른 성장을 거듭하고 있다. Pethadoop이 발표한 "2020년 반려용품산업 백서(2020宠物行业白皮书)"에 따르면 2020년 중국 전국 도심의 반려동물을 기르는 사람은 전년대비 174만 명 증가한 6294만 명이다. 이는 특히 싱글족의 증가 및 고령화에 따라 반려동물을 기르는 인구가 증가했고 반려동물에 대한 소비와 투자가 증가한데 기인한다. 이들이 기르고 있는 반려동물은 총 1억84만 마리에 달했으며, 개와 고양이가 가장 많아 각각 51%, 46%의 비중을 차지한 것으로 나타났다.

이 중 사료, 간식 등 식품소비가 53.7%로 가장 큰 비중을 차지했는데 2020년 기준 중국은 미국(38%)에 이은 글로벌 2위의 반려동물 식품소비시장으로 6.9%의 비중을 차지한 것으로 나타났다(유로모니터). 또한 i-Research가 발간한 "2020년 중국 반려동물 소비시장보고(2020年中国宠物消费市场报告)"에 따르면, 반려동물 1마리당 연간 소비액은 2017년 4,348위안에서 2020년 6,653위안으로 증가했고, 이는 2019년 소비액(5,561위안) 대비해서도 19.6% 증가한 금액이다.

---

29) 33조 반려동물 시장 잡아라... 中 '펫테크'에 쏠리는 눈. 2020.1.23. 시장경제
30) 차이나 펫 엑스포, 성장하는 중국 펫용품 시장 조명. 2021.5.28. KITA.net
31) 중국 반려동물 건강보조 식품 동향 / 코트라 해외시장뉴스

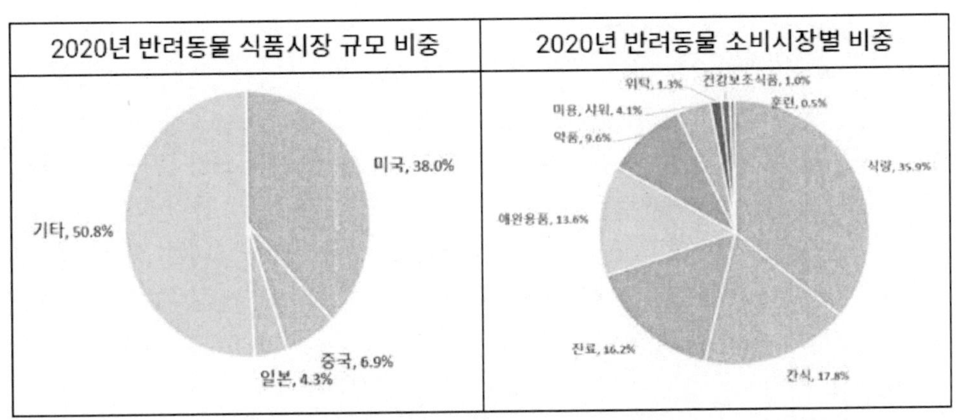

자료: Euromonitor, 첸잔산업연구원, Pethadoop, i-Research(艾瑞咨询)

그림 35

반려동물 식품시장은 크게 메인사료, 간식, 건강보조식품으로 구분할 수 있다. 메인사료는 반려동물들의 주식으로 일상적으로 먹는 사료로 가장 큰 비중을 차지했으나 최근 다양한 식품들이 개발되며 비중이 다소 낮아지고 있다. 특히 사료 외 기타 영양분을 보충하기 위해 간식을 주거나 간식을 이용해 반려동물들과 교감을 시도하는 주인들이 증가하면서 시장 내 비중이 점차 커지고 있다.

< 고양이용 간식(왼쪽부터 츄르, 육포, 푸딩) >

자료: T-MALL

아울러 최근 건강보조식품이 반려동물의 발육과 성장을 돕거나 치료보조용으로 활용되며 각광받고 있다. 반려동물의 털·고관절·위장건강 보조, 비타민의 수요가 많으며 터우바오연구원(头豹研究院, leadleo.com)은 70% 이상의 소비자는 고관절, 60% 이상의 소비자는 위장건강 및 비타민 보조식품을 구매한 경험이 있다고 밝혔다.

① 트렌드 1. 천연, 무첨가 식품 선호

반려동물의 건강을 고려하여 방부제나 합성첨가제가 함유되지 않은 천연사료를 선호하는 소비자들이 증가세에 있다. "2020년 중국 반려동물 소비시장보고"에 따르면, 소비자의 57.5%는 동물사료 구입 시 영양성분과 천연사료 사용여부 등을 확인한다. 이러한 트렌드에 따라 Ziwi, Pure&Natural 등 다수의 반려동물 식품 브랜드들은 무첨가 사료를 개발하여 사료의 신선도, 고단백, 고기함유량, 자연가공, 무첨가제 등을 핵심 키워드로 시장을 공략하고 있다. 또한 최근 중국 시장에 진출한 호주의 Real Pet Food Company, 미국의 Nature's Logic 등 외국 브랜드도 무첨가 고급사료를 앞세워 소비자를 공략하고 있다.

< 천연사료로 만든 펫푸드 >

자료: T-MALL

② 트렌드 2. 처방사료, 맞춤형 사료 선호

점차 반려동물을 잘 기르기 위한 노하우들이 소비자들 가운데 전파되고 있다. 반려동물 주인 중 61.6%는 이러한 노하우와 방법에 관심을 갖고 수시로 지식을 획득하고자 하며, 특히 빠링허우(80后), 주링허우(90后)가 70% 이상을 차지했다고 국가통계국은 밝혔다. 이들은 펫샵이나 동물병원을 통해 수시로 자문을 구하고 전문지도도 받는 것으로 나타났다.

이러한 가운데 동물별 품종, 체형, 건강상황 등을 종합적으로 고려한 처방사료, 맞춤형 사료가 큰 인기를 끌고 있다. Mr.Himi(黑米先生)는 자체적으로 개발한 AI영양사 시스템을 통해 소비자들에게 동물별 맞춤형 사료를 제안해주는 서비스를 제공하고 있다. 소비자는 동물의 성별, 품종, 나이, 건강상황, 선호입맛 등 정보를 입력하면 빅데이터 분석을 통해 맞춤형 사료 레시피를 전수받을 수 있다.

< 주요 처방사료, 맞춤형 사료 >

브랜드/국가	주요 제품	제품 이미지
ROYAL CANIN(미국)	개 처방사료: 설사, 급성·만성 췌장염을 앓는 개 처방용 사료	
HILL'S(미국)	고양이 처방사료: 결석을 용해시켜, 비뇨도 보호	
Nature Bridge(중국)	고양이 맞춤형 사료: 배뇨량을 증가시켜 요산농도 낮춤.	
Myfoodie(麦富迪) (중국)	고양이 맞춤형 사료: 장 보호, 칼슘보충, 털 영양분 공급 등	

자료: T-MALL

< Mr.Himi 맞춤형 사료 >

자료: Mr.Himi 홈페이지

③ 트렌드 3. '인격화', 다원화, 재미요소 가미

반려동물을 가족 구성원으로 간주하는 사람들이 많아짐에 따라 반려동물을 사람처럼 대하거나 사람들이 사용하는 소모품과 비슷한 제품을 구입하는 사례가 증가하고 있다. 반려동물의 생일을 축하하는 것은 이미 흔한 사례가 되었고 이에 따라 동물용 케익 전문점도 대도시를 중심으로 많이 나타나고 있다. 밀크티 브랜드인 LELECHA(乐乐茶)는 반려동물도 같이 사용할 수 있는 점포를 운영하고 있으며, 반려동물과 주인이 같이 밀크티를 먹고 있는 모습도 종종 볼 수 있다. TAFFEE도 편식하거나 영양불균형 등 문제가 있는 동물들을 위해 닭고기, 연어, 소고기 등 영양소가 풍부한 재료를 넣어 개발한 밀크티를 제공하고 있다. 사람들이 마시는 것과 큰 차이가 없어 보인다는 것이 큰 특징이다.

펫 케이크	펫 밀크티

자료: 다중뎬핑(大众点评), TAFFEE 홈페이지

 아울러 TAFFEE는 버드와이저와 함께 동물용 무알콜 맥주도 출시했다. 닭가슴살, 계란 노른자, 양분유, 맥주효모 등을 넣어 만든 맥주는 출시하자마자 소비자들의 큰 관심을 이끌었고 SNS 플랫폼인 샤오홍슈(小红书)에서만 5,400편 이상의 구매경험담이 올라오기도 했다.

< TAFFEE 반려동물용 맥주 >

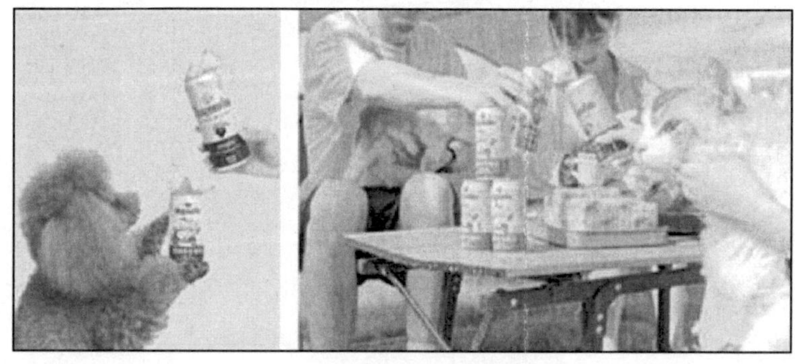

자료: TAFFEE 홈페이지

< 기업별 보유 주요브랜드 >

기업명	주요 브랜드	주요제품
MARS	RoyalCanin, PEDIGREE, WHISKAS, Cesar, Sheba 등	개, 고양이 사료
Nestle	ProPlan, FancyFeast, SUPERCOAL, Friskies 등	개, 고양이 사료
China Pet Foods (中宠股份)	Wanpy(顽皮), ZEAL, DR.Hao 등	간식, 사료, 보건식품 등
GAMBOL (乖宝宠物)	Myfoodie(麦富迪), Honeypet(欢虎仔), Wet Noses(湿鼻子) 등	간식, 사료, 보건식품 등
NatureBridge (比瑞吉)	NatureBridge(比瑞吉), Kitchen Flavour(开饭乐), Norypet(诺瑞), VIGOR&SAGE(灵粹) 등	사료, 처방사료 등
쉬저우 쑤총펫푸드 (徐州苏宠)	Crazy Dog(疯狂小狗)	사료, 간식, 보건식품 등

자료: 첸잔산업연구원

중국 시장에서 오랜 기간 동안 외국브랜드가 강세를 유지하고 있다. MARS와 네슬레 등 수입브랜드는 고급제품으로 각광을 받아온 반면, 중국 브랜드는 후발주자로서 품질이 뒤떨어져 소비자들의 신뢰를 얻지 못했기 때문이다. 중국 사료시장 중 1위는 MARS로 1995년에 베이징에 반려동물 식품공장을 설립하며 중국 시장에 진출한 기업이다. PEDIGREE, WHISKAS 등 브랜드를 보유한 MARS는 건조식품, 사료, 간식, 건강보조식품 등 다양한 분야에 걸친 제품 라인업을 통해 2020년 기준 11.1%의 시장점유율을 보였고 Top5 브랜드의 시장점유율은 23.2%로 나타났다.

중국 반려동물 간식시장은 중국산 제품의 비중이 비교적 높고 상위 5개 브랜드의 시장점유율은 32.7%로 나타났다. 5대 브랜드 중 중국 브랜드는 3개로 1위인 GAMBOL(乖宝) 12.5%, 2위 China Pet Foods(中宠)는 11.4%, 4위 Gnawlers(风来客)는 3.3% 등 총 27.2%의 시장점유율을 차지했다. 이는 GAMBOL, China Pet Foods는 해외브랜드의 OEM을 하면서 쌓은 노하우와 가치사슬을 통해 자체 브랜드를 설립하며 입지를 쌓은 반면 MARS, DoggyMan 등 외국브랜드는 간식시장에 뒤늦게 진출한데 기인한다.

　중국 내 반려동물용 건강보조식품의 유명 브랜드로는 Nourse(중국), RedDog(미국), IN-Plus(미국), VitsCan(미국), MAG(영국), Virbac(프랑스) 등이 있다. 외국 브랜드는 대체로 선발주자이자 고품질의 제품으로 시장 경쟁력을 확보했으나 중국 브랜드는 중소기업이 많고 제품 품질의 불균등 문제 등으로 인해 경쟁력이 다소 부족한 것으로 평가되고 있다.

　최근에는 반려용품 시장의 성장가능성에 따라 해당 시장에 진출한 기업들이 빠르게 증가하고 있다. 제일재경데이터센터(CNBData)가 발표한 "2021년 반려동물 식품산업 소비관찰보고(2021宠物食品行业消费洞察报告)에 따르면, 2020년 4월부터 2021년 3월까지 1년간 알리바바 플랫폼에 등록한 반려동물 식품브랜드 수만 3만 7,000개에 달했다. 특히 반려용품과 무관한 중국 유명브랜드도 일부 해당시장에 진출하며 시장 경쟁이 보다 치열해지고 있는 것으로 나타났다.

　2020년 7월 중국의 유명 간식브랜드인 싼쯔쏭수(三只松鼠)는 반려동물 식품브랜드인 "I Have a Pet(养了个毛孩)"을 론칭해 고양이 사료, 츄르 등 제품을 발매했으며 1달 만에 월 매출액 200만 위안을 돌파했다. Midea도 2021년 3월 자회사인 메이신총우(美新宠物)를 설립하고 독자브랜드인 Petgravity(猫有引力)를 런칭하여 반려동물용 식품과 장난감 등을 판매하기 시작했다.

　가장 핵심적인 유통채널은 역시 온라인 전자상거래이다. 유로모니터 통계에 따르면, 2020년 전자상거래가 54.7%로 가장 큰 비중을 차지했고 펫샵 28.0%, 동물병원 10.8%, 마트 등 매장은 6.6%로 뒤를 이었다. 특히 젊은 소비층이 전자상거래를 선호하여 핵심 채널로 자리매김했고 주로 타오바오, 티몰, 징둥 등 대형 온라인 플랫폼에 소비가 집중된 것으로 나타났다.

　그러나 펫샵, 동물병원 등 오프라인을 선호하는 소비자들도 적지 않다. 오프라인 샵은 전문가의 도움과 지도, 맞춤형 자문을 받을 수 있어 초보들이 특히 선호하는 것으로 나타났다.

　반려동물을 위해 보다 좋은 제품을 사용하고자 하는 소비자들이 증가함에 따라 관련 시장도 빠르게 성장하고 있다. 2020년 코로나19 팬데믹으로 인해 건강에 더욱 관심을 갖게 되면서 반려동물의 건강도 신경쓰며 고급식품을 찾는 소비자들이 증가세에 있다. 이에 따라 시장이 더욱 빠른 속도로 확장되고 있으며, 낮은 시장 진입장벽으로 신규브랜드도 폭발적으로 증가하며 경쟁도 점차 치열해지고 있는 중이다.

광둥성의 반려동물 식품유통기업 담당자 인터뷰 결과, 중국의 반려용품 시장은 빠른 성장세에도 아직 초기단계에 머무르고 있어 시장 잠재력이 매우 크다고 평가했다. 아울러 소비자들은 최소 2개 이상의 브랜드를 비교하며 보다 더 적합한 먹거리를 제공하고자 하여 브랜드 충성도가 높은 편은 아니다. 이에 따라 아직 시장을 확실하게 장악한 브랜드는 없다고 봐도 무방하다고 언급했다. 비슷한 품질의 제품이 시중에 많이 출시되고 있는 만큼 온라인 소비자 평가가 큰 영향을 미칠 수 있으며, 따라서 브랜드·제품의 차별화가 매우 중요하다고 강조했다.

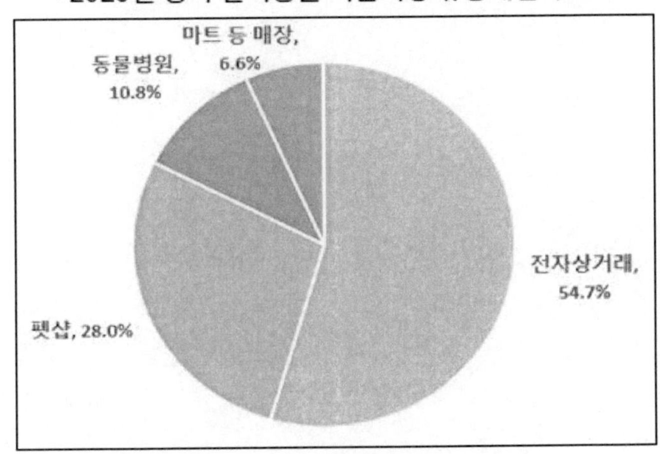

자료: Euromonitor, 첸잔산업연구원

　반려동물 식품, 용품 업계는 진입 장벽이 낮으므로 중국 브랜드들이 우세를 차지하고 있으나 의료 보건식품 영역에서는 여전히 해외 브랜드들이 우세를 차지하고 있다. 관옌톈샤(观研天下)의 조사에 소비자가 해외 브랜드를 선호하는 이유는 입소문(86%), 반려동물의 선호도(71%), 반려동물 셀럽의 추천(61%), 반려동물 제품 비교 테스트 콘텐츠 시청 후 선택(57%), 영양 성분(51%)였으며 중국 브랜드 선호 이유는 중국산 제품이 중국 반려동물에게 적합하다(50%), 해외 브랜드 실패 경험(48%), 반려동물 선호(43%), 중국산 제품 퀄리티의 발전(38%), 해외 브랜드의 진위 여부 파악이 어려움(8%)이라 대답했다.

2) 건강기능식품산업

<2021년 - 2025년 중국 반려동물 건강기능 식품 시장 규모>

(단위: 억 위안)

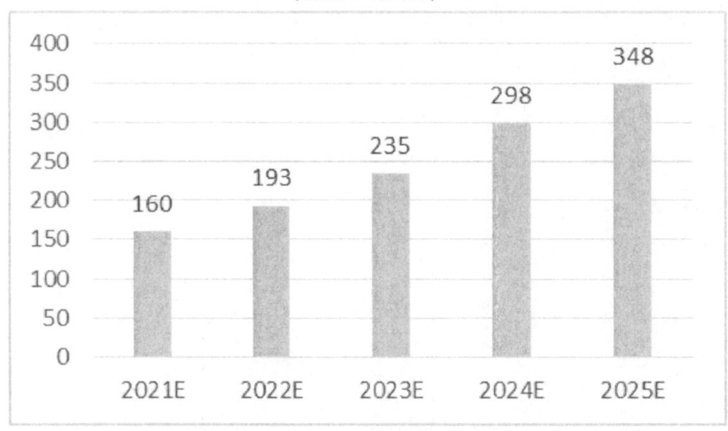

[자료:웨이따항루연구(伟大航路研究) 2021.12월]

티몰, TMIC 및 화누데이터(火奴数据)의 데이터에 따르면 2021년 반려동물 건강보조 식품 판매액은 전년 대비117% 증가하였다. 또한 향후 3-7년 간 반려동물들의 노령화가 됨에 따라, 동물 의약 보건 업계는 반려동물 건강보조 식품판매의 확대는 미래 중점 발전 방향이라 말했다.

2021년, 2022년 1-5월 반려동물 용품 판매액 비교

상품명	2021년 판매액 (억위안)	2022년 판매액 (억위안)	증가율
수족용품	27.7	28.7	3.59%
고양이 사료	24.5	36.81	50.03%
개,고양이 미용 청결용품	18.89	22.37	18.40%
개 사료	18.59	20.49	10.22%
개,고양이 생활용품	16.53	16.77	1.43%
개,고양이 건강식품	9.95	12.89	29.50%
개,고양이 건강 기능 식품	**6.56**	**7.48**	**14.03%**
강아지 간식	5.12	5.38	5.09%
조류 식품 및 용품	4.86	5.08	4.51%
반려동물 의류 및 액세서리	4.72	4.15	-12.08%
반려동물 생활 서비스	1.05	1.29	22.52%

[자료: 618 반려동물 시장 조사 (618宠物市场调研)]

반려동물 식품, 용품 업계는 진입 장벽이 낮으므로 중국 브랜드들이 우세를 차지하고 있으나 의료 보건식품 영역에서는 여전히 해외 브랜드들이 우세를 차지하고 있다. 관옌톈샤(观研天下)의 조사에 소비자가 해외 브랜드를 선호하는 이유는 입소문(86%), 반려동물의 선호도(71%), 반려동물 셀럽의 추천(61%), 반려동물 제품 비교 테스트 콘텐츠 시청 후 선택(57%), 영양 성분(51%)였으며 중국 브랜드 선호 이유는 중국산 제품이 중국 반려동물에게 적합하다(50%), 해외 브랜드 실패 경험(48%), 반려동물 선호(43%), 중국산 제품 퀄리티의 발전(38%), 해외 브랜드의 진위 여부 파악이 어려움(8%)이라 대답했다.

제수쯔쉰(解数谘询) 데이터에 따르면 미들 스트림에 속하는 반려동물 건강 기능 식품의 올해 1 - 5월 판매액은 전년대비 14.03% 증가하였다. 또한 제11회 국제 반려동물 정상 포럼- 아시아 CEO 정상포럼에서 발표한 반려동물 업계 청서: 2022년 중국 반려동물 업계 발전 보고서(宠物行业蓝皮书 : 2022中国宠物行业发展报告)에 따르면 중국 반려동물시장 내 70% 이상 소비자가 반려동물 건강목적으로, 60% 이상 소비자는 반려동물 생활 품질향상 목적으로 반려동물 제품을 소비하며, 대부분의 소비자들은 반려동물 건강보조 식품이 필요하다고 생각한다.

<중국 소비자 의료 건강 기능식품 선호 브랜드>

1	Nurse(卫士)	중국
2	FRONTLINE	프랑스
3	mensall(萌氏)	중국
4	inpetsupplements	미국
5	Puainta	미국
6	샤오충(小宠)	중국
7	MAG	영국
8	PetAg	미국
9	Bullvet	영국
10	RedDog	미국

[자료: 2022 중국 반려동물 전자상 업계 관찰 보고(中国宠物电商行业洞察2022)]

[자료:Nurse(卫士)]

해외브랜드 사이에서 중국 브랜드Nurse(卫士)가 유난히 눈에 띈다. Nurse(卫士)는 2004년에 설립된 중국 반려동물 건강 기능 식품 시장을 이끄는 선두 브랜드로 23개 라인의 반려동물 건강보조 식품을 출시하였으며 누적 서비스 반려동물 수는 3억 마리 이상이다. 2021년 중국 대형 세일절 11.11 기간에는 티몰, 징둥, 티몰 마트, 웨이 핀 후이(唯品会) 4개 플랫폼 내 반려동물 건강 기능 식품 부분 1위를 차지하였다. Nurse(卫士)가 타사에 비해 가지는 경쟁력은 무엇일까? Nurse사의 경우, 판매방식측 면에서는 타사와 달리 온, 오프라인 결합방식을 이용하였다. 타사의 경우, 티몰, 징둥 같은 온라인플랫폼에 제품을 등록하여 오프라인판매와 온라인판매를 따로 관리하는 방식을 이용하였으나, Nurse사의 경우, 각 지역 오프라인 판매점 마다 메이투안, 으 러마 같은 배달플랫폼에 가입시켰다. 이로써, 오프라인 판매점 소재지 내 소비자들은 제품이 필요할 때마다 온라인플랫폼을 이용하여 구입한 것보다 더 빠르게 제품을 구 매 후 사용 가능할 수 있도록 소비자의 편의를 높이는 판매방식을 이용하였다. 또한 홍보측면에서는 100여 개 MCN 회사와 협력 관계를 유지하고 있으며, 다양한 반려동 물 행사에 적극적으로 참여하며 제품을 홍보하였다. 그뿐만 아니라 고양이 "귤 원장 (橘院长)"를 활용하여, 다양한 방식으로 반려동물에 대한 지식을 소비자들과 공유소 통하며, 소비자들의 반려동물 제품에 대한 수요 및 Nurse사의 제품홍보효과 또한 자 연스럽게 창출하였다.

<부분 제품 브랜드 및 종류 가격>

제품 분류	제품명	가격(위안)
영양보충	RedDod 개, 고양이영양고(膏) 120g	82
영양보충	NOURSE개, 고양이영양고(膏) 120g	원가:59세일가:47.05
영양보충	Inpetsupplements 강아지 비타민 150정	원가:39세일가:35
영양보충	NOURSE 고양이 비타민200정	원가:79세일가:64
영양보충	Inpetsupplements 미량원소 알약150정	원가:39세일가:35
영양보충	NOURSE 강아지 미량원소 알약160정	55
모발관리	swisse와일드 피쉬오일 400정	원가:185.4세일가:144.62
모발관리	MAG 고양이 레시틴 1050g	238
모발관리	NOURSE 고양이 레시틴 180g	원가:109세일가:92
눈, 위건강제품	RedDod 개,고양이 유산균 25g	원가:36세일가:18
눈, 위건강제품	NOURSE 개,고양이유산균 50g	원가:49세일가:44

[자료:타오바오(淘宝), 선양무역관 정리]

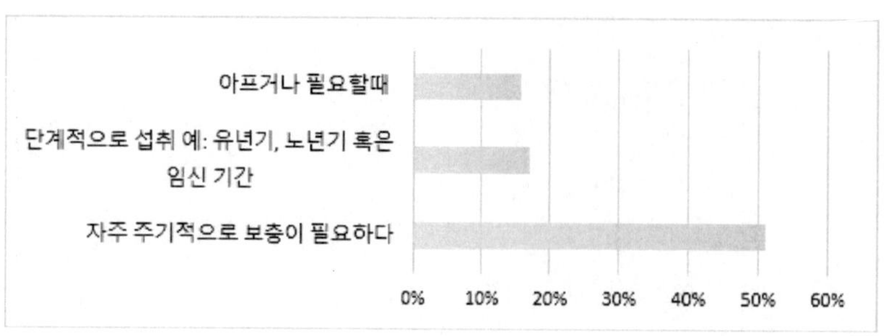

그림 50 반려동물 건강기능 식품에 대한 인식 조사 / 자료:
iResearch]

최근 반려동물 건강기능 식품에 대한 소비자 반응은 우호적인 편이다. 기존 중국소
비자들의 경우, 반려동물 건강기능식품에 대한 수요가 증가하는 이유는 어떤 계기로
동물 병원 혹은 반려동물 용품 가게방문 시, 제품에 대한 추천으로 구매를 하였으나,
iResearch에 따르면, 현재 중국 내 반려동물 건강기능식품에 대한 소비자의 50% 이
상이 주기적으로 건강기능 식품구매가 필요하다고 인식하고 있으며, 해당인식은 점점
더 확대될 것으로 생각된다.

소비자인식 뿐만 아니라 유명 건강보조식품 브랜드들의 판매방식 또한 Nurse사와
같이 온, 오프라인 결합 판매 방식을 점차 확대해가고 있다. 온오프라인 결합방식의
경우, 소비자들은 오프라인매장을 통해 제품을 경험해볼 수 있으며, 향후 해당제품 구
매 시, 온라인으로 기존 온라인플랫폼 보다 더 빠르게 제품 구매를 편리하게 할 수
있게 되었다.

반려동물 건강 솔루션 업체인 레드독(RedDog)의 영양연구원에 따르면, "중국 내 반
려동물 관련 시장침투율이 20%로 아직 확장초기에 있으며 반려동물의 시장침투율은
점점 더 높아지면서 시장 자체 규모 또한 점차 커질 것이다"며 "현재 기르고 있는 반
려동물의 연령이 높아짐에 따라, 건강기능식품의 기존 형성된 반려동물의 시장자체
내에서 발생하는 건강기능식품수요가 더 커질 것으로 예상된다"라고 지적했다. 때문
에 우리 나라 기업들은 해당시장에 대한 관심을 가질 필요가 있어 보인다. 또한, 현
지 반려동물 우유 유통 업체 A사(투자진출기업)는 "현재 중국 내 반려동물 제품소비
자의 약 80%가 반려동물에 관한 지식, 정보를 SNS 통해서 얻는 편으로, 한국의 '고
양이를 부탁해', '세상에 나쁜 개는 없다' 등과 같은 다양한 유형의 반려동물 관련 콘
텐츠로 중국 소비자들에게 접근한다면 앞으로 시장 내 좋은 반응을 얻을 수 있을 것"
이라 예측하고 있다.

3) 용품산업

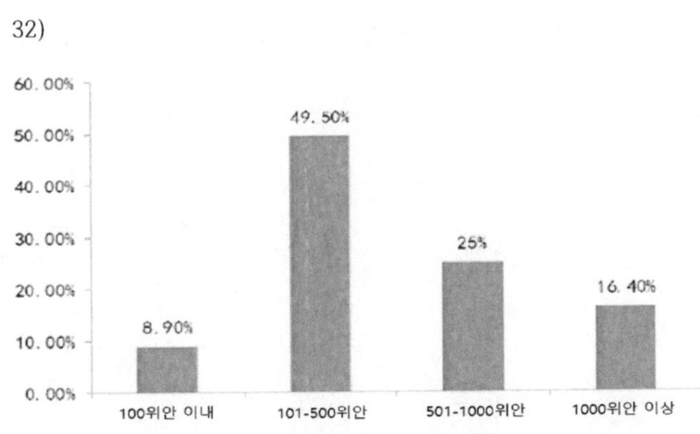

그림 51 중국 월평균 반려동물 관련 소비액

중국 내 99.8%의 반려동물 양육자가 자신의 반려동물을 위해 비용을 지출하고 있으며, 그 중 대략 절반의 사람들이 월평균 100~500위안 정도의 지출을 한다고 답했다.33) 중국인의 전국 평균 월소득은 6000위안으로, 이는 매월 반려동물에게 소득의 10% 가까이 투자한다는 의미이다.

중국 내 반려동물 소비시장의 규모가 확대되고 사육의 개념이 업그레이드되면서 주인의 94.6%가 전용식품을 구매하고, 필수품 이외의 소비도 매년 증가하고 있다.

중국의 반려동물산업 발전의 주요 특징은 다음과 같다. 첫째, 시장의 **빠른** 발전이다. 전통적인 생활방식이 바뀌고, 사람들의 소비규모는 36배나 성장했고, 전용식품 및 용품, 미용보건, 동물병원 등의 제품 및 서비스 시장도 나날이 성장하고 있다.

둘째, 반려동물산업이 주요 거점단지를 형성하고 있다. 반려동물시장이 지속적으로 발전하면서, 많은 기업들이 관련 산업 영역에 투자를 하고 있으며, 전국에 이미 특색 있는 반려용품 및 식품 생산기지가 형성되고 있다.

셋째, 해외기업 간의 치열한 경쟁이 펼쳐지고 있다. 2016년 기준 중국 반려동물 관련 업종 기업들은 과거 대비 제품의 종합 품질 면에서 향상된 모습을 보이고 있다. 하지만 여전히 품질이나 브랜드 인지도 방면에서 해외 기업과의 큰 격차가 존재한다. 해외기업이 중국 시장, 특히 고급제품 시장에서 절대적인 우위를 점하고 있으며, 중국 기업들은 대체로 중저가 시장을 점유하고 있다.

34)

---

32) 자료원 : 중국산업정보망
33) 거우민왕이 발표한 '2015년 중국 반려동물 주인 소비행위 보고'
34) KOTRA 해외시장뉴스 2016.09.20. 중국 반려동물용품 시장 트렌드 ②

표 2 중국 반려동물시장 인기 영양제품

제품 사진	제품명	생산국가	제조회사	특징
	웨이스 유칼슘정제 (衛仕乳钙片)	중국	웨이스 (衛仕/Nourse)	천연 우유 단백질을 함유한 알약형 고칼슘 영양제
	Innopet 애완동물 양유분말 (寵物羊奶粉)	독일	InnoPet	탈지양유분, 단백질, 비타민, 칼슘 등을 함유한 양유가루분말
	메이쯔위엔 유칼슘정제 (美滋元乳钙片)	중국	메이쯔위엔 (美滋元)	칼슘, 우유단백질 카세인(CPP), 비타민D3 등이 함유된 알약형 영양 보충제
	웨이스영양겔 (衛仕營養膏)	중국	웨이스 (衛仕/Nourse)	비타민D, 비타민E, 아연, 철분 등이 함유된 제형 종합 영양 보충제
	웨이스종합 미량영양소 (衛仕综合 微量元素片)	중국	웨이스 (衛仕/Nourse)	아연, 철 등 체내에 필요한 미량영양소를 함유한 알약형 종합 영양보충제

35)

/ 자료원 : 다운로드 건수 랭킹을 바탕으로 KOTRA 상하이 무역관 조사
35) 판매량 기준 Tmall 랭킹을 바탕으로 KOTRA 상하이 무역관 조사

표 3 중국 반려동물 인기 청결제품

제품 사진	제품명	생산국가	제조회사	특징
귀 청결제				
	샤오총귀청결제 (小寵□耳舒)	중국	샤오총(小寵)	귀해충·진드기 제거, 귀염증 방지, 귀지 및 악취제거 기능을 갖춘 액체형 귀청결제
	보보이어파우더 (波波寵物拔毛粉)	중국	보보 (波波/BOBO)	귀털 제거 및 향균소염 기능, 귀내 건조방지 기능을 갖춘 가루형 귀청결제
구강 청결제				
	웨이총구취제거 구강향균 스프레이 (衛寵抑菌除臭口腔噴劑)	중국	웨이총 (衛寵)	세균 억제, 구취 제거, 치석 방지, 구강질환 예방 등의 기능을 가진 스프레이 분사형 구강 청결제
	구강청결제 (寵物漱口水)	미국	AFP (All for Paws)	플라크 및 치석 예방, 구강궤양 방지, 구취 제거 등의 기능을 가진 구강 청결제
	바샤푸 구강청결제 (巴沙夫漱口水)	중국	바샤푸 (巴沙夫/BASAFU)	잇몸 염증 및 구강궤양 방지, 플라크 예방,

				구취제거 등의 기능을 가진 구강 청결제
눈 청결제				
	셩루웨이 향균안약 (寵物抗菌滴眼液)	영국	셩루웨이 (SALOGE/ 圣路薇)	눈물 자국 제거, 각막염·결막염 등 염증 예방, 살균, 소염, 향균 등의 기능이 있는 액체형 안구 청결제
	신총즈캉 안구세척액 (寵物洗眼液)	중국	신총즈캉 (新寵之康)	각막염·결막염 방지, 눈물자국 제거, 트라코마 예방, 눈곱 및 다래끼 제거 등 기능이 있는 액체형 안구 청결제

36)

표 4 중국 반려동물 인기 목욕용품

브랜드명	제품 이미지	가격 및 용량	생산국가
疯狂的小狗 샴푸		19.90위안 (500ml)	중국
雪貂留香 샴푸		55위안 (500ml)	미국
enoug(逸诺) 샴푸		39.90위안 (500ml)	영국
捣蛋鬼 샴푸		29위안 (500ml)	중국
绝魅宠物浴液香波 (super magic) 샴푸		98위안 (500ml)	미국
裘医师 샴푸		35위안 (2,000ml)	중국

36) KOTRA 해외시장뉴스 2017.09.20. 중국 애완용품시장을 주목하라
 / 자료원 : 타오바오(淘宝), 알리바바(阿里巴巴), KOTRA 선전 무역관 정리

표 5 중국 반려동물 인기 하우스

브랜드명	제품 이미지	가격(위안)	브랜드 국가
肯特仕 하우스		65.00(M) 85.00(L) 156.00(XL)	중국
福多 하우스		38.30(S) 48.20(M) 62.30(L) 103.40(XL) 141.00(XXL)	중국
宠宠爱睡觉 하우스		45.90(S) 65.90(M) 75.90(L)	중국
PET PIANER(宠星人) 접이식 하우스		32.9	중국
QS(强晟) 접이식 하우스		69.80(73x43x32cm) 85.00(91x58x37cm) 99.8(114x58x46cm)	중국

브랜드명	제품 이미지	가격	브랜드 국가
All For Paws 산소애완동물 정수기		98.00위안 (2.1L/1L)	미국
hipidog(嬉皮狗) 급수·급식기		35.00위안	중국
TOM CAT 급수기		13.5위안(350ml) 16.5위안(500ml)	미국
PETXIT(小佩) 산소애완동물 자동순환정수기		288위안	중국

ㄴ) 서비스산업[37]

반려동물과 관련된 서비스도 확대되고 있다. 특히 의료와 미용 서비스 분야에 지출하는 금액이 비교적 높은 것으로 나타난다. 반려동물 전용 서비스 산업은 반려동물의 즐거운 생활과 외모를 가꿀 수 있는 서비스를 제공하는 방향으로 발전될 것으로 보인다. 예를 들어 미용은 반려동물 서비스 소비의 핵심으로, 펫미족의 많은 관심 속에 관련 산업이 부상하고 있다. 반려동물을 키우는 사람들을 대상으로 진행된 설문조사 결과 향후 미용, 호텔과 같은 서비스가 필요하다고 생각하는 소비자의 비중이 87%로 나타났다.

반려동물 의료 분야의 경우 소비자의 수요에 맞춰 새로운 형태의 서비스도 나타나고 있다. 중국의 온라인 쇼핑플랫폼인 징동에서는 온라인 반려동물병원을 운영하며 24시간 온라인 건강 상담 서비스를 제공하고 있다. 소비자들은 온라인으로 전문가에게 반려동물 문진, 건강 상담, 처방전을 발급받을 수 있다. 이처럼 소비자의 수요에 따라 반려동물 사진 촬영, 반려동물 훈련, 목욕, 호텔서비스 등 반려동물의 외모와 생활의 질을 한층 높여주는 다양한 형태의 서비스가 빠르게 늘어날 것으로 보인다.

---

37) 펫미족의 등장으로 발전하는 중국 반려동물 산업 / 코트라 해외시장 뉴스

5) 의료산업[38]

　2020년 중국 반려동물 의료 시장(진료비와 약품 포함) 규모는 2019년 대비 38.5% 증가한 532억 7700만 위안을 기록하였다. 이 중 체외 진단은 임상치료의 전치적 요건이자 중요한 정보를 제공하고 있어 '의사의 눈'이라고도 불릴 만큼 동물 병원에서 없어서는 안되는 진단 수단으로 관련 시장규모는 약 140억 위안에 달하며 연평균 성장률(CAGR)은 8.3%에 달하는 것으로 나타났다. 반려동물을 대상으로 소변검사만 미리 진행해도 치료가 가능한 질병이었지만, 시기를 놓쳐 이후 큰 의료비용을 부담해야 하거나, 반려동물을 잃는 경우도 많이 발생하기 때문에, 최근 반려동물을 케어하는 일반 소비자들이 일상생활 중 간단하게 셀프 진단이 가능한, 홈케어 소변검사 키트 제품이 각광받고 있는 추세다.

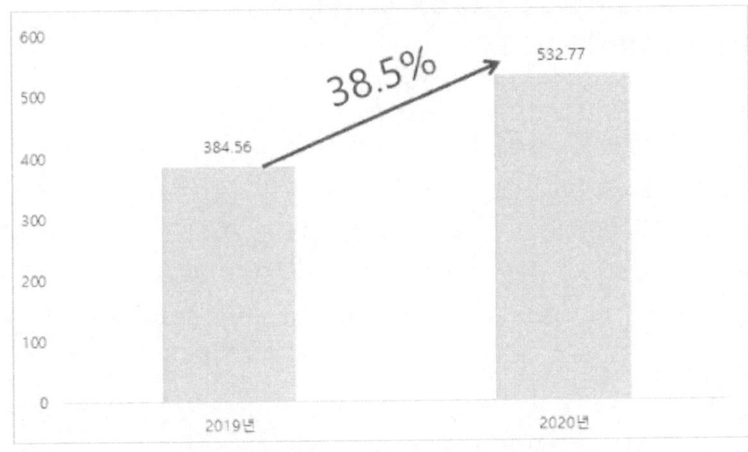

2019-2020년 중국 반려동물 의료시장(진료비와 약품 포함) 규모

(단위: 억 위안)

자료: 핑안증권연구소(平安证券研究所)

　통계에 따르면 현재 중국의 반려동물 전문 의료센터, 병원, 진료 관련 기업은 약 2만 4,000개 사로 집계되었다. 지역 분포로는, 광둥 (广东) 지역의 반려동물 의료 관련 기업 수는 약 2,800개로 가장 많았으며, 장쑤(江苏), 산둥(山东) 지역이 뒤를 이었다. 중국 내 반려동물 의료 관련 기업 수는 매년 빠른 증가세를 보이고 있으며 2018년부터 중국 반려동물 의료 관련 기업의 연간 등록 건수는 3,500개를 초과했고, 2020년에는 5,400여 개의 신규 기업이 생겨났다. 특히 최근 다수 기업들이 자회사 설립, 신규 브랜드 출시, 전략적 제휴 등을 통해 반려동물 진단키트 시장에 참여하고 있다.

---

38) 중국 반려동물 소변검사 키트 시장동향 / 코트라 해외시장뉴스

중국 내 동물용 진단키트 생산 기업

기업명	소개
Quicking Biotech(快灵生物)	중국 생물 기술 전문인이 2006년에 설립함. 반려동물, 식품안전, 동물 질병 등 진단시약의 개발과 생산, 국내외 판매. 2019년 4월 농업농촌부(农业农村部) 동물 의약 GMP 인증 획득. 중국 내 소수의 면역과 분자 GMP 생산라인을 보유한 동물용 진단키트 업체.
GlinX Biotech(基灵生物)	2017년 설립, 동물 지능진단과 정보기술(IT) 설루션 제공 기업. 현재 약 1200개의 동물 병원과 합작을 진행하고 있으며 시장점유율이 가장 높음.
Zhenrui Biotech(真瑞生物)	2013년 설립, 동물 질병 진단과 식품안전 검사에 주력. 동물 의약품 GMP, ISO9001:2008 품질관리체계와 ISO14001:2015 환경체계 인증 통과. 160여 가지의 동물 관련 체외 진단키트 제품을 연구개발함.

자료: KOTRA 상하이무역관 정리

중국에서 애완동물의 개념이 반려동물로 변화하고 양육의 의식 수준이 향상됨에 따라 양육가구에서 반려동물의 건강에도 더 많은 신경을 쓰고 있다. 따라서 중국의 반려동물 양육가구의 연평균 반려동물 의료비용 소비액도 늘어나고 있다. [39]중국의 생활수준 향상에 따라 반려동물 백신시장이 대폭 성장할 것으로 전망된다. 그러나 중국 백신기업의 반려동물 백신시장 점유율은 1% 이하로, 수입 의존도가 매우 높은 상황이다.

[40]중국 반려동물 산업 연맹이 발표한 '2017 중국 반려동물 산업 백서'는 현재 중국에 약 1만 개의 반려동물 병원이 있으며, 최근 반려동물 병원의 급격한 수요 증가로 인해 이 시장의 성장 잠재력은 무궁무진 할 것으로 밝혀졌다.

중국의 반려동물 의료산업은 베이징(北京), 상하이(上海), 광저우(广州) 등 1선 도시를 중심으로 발달돼 있으며, 1선 도시는 포화상태이다. 따라서 일정규모 이상의 동물병원 수가 적은 발전 잠재력을 가진 큰 2,3선 도시들도 곧 의료산업이 발달할 것으로 보인다.

---

39) KOTRA 2019.05.27. - 중국 동물백신 시장동향
40) 뉴스핌 2018.08.09. - 중국 반려동물시장 초고속 성장 가도

4. 국내 반려동물 산업분석

Ⅳ. 국내 반려동물 산업분석[41]

최근 급부상하는 국내 펫헬스케어 시장이 또 하나의 가족이 된 반려동물들을 위해 펫휴머니제이션(반려동물의 인간화)을 반영한 펫 푸드 및 영양제, 질환별 진단키트와 치료제, 건강보험과 가전 등 다양한 제품과 서비스를 선보이면서 더욱 고부가가치화 되면서 성장을 거듭하고 있다.

실례로 한국무역협회 국제무역통상연구원이 2022년 1월 19일 발간한 '성장하는 펫케어 산업 최신 트렌드와 우리 기업의 글로벌 경쟁력 강화방안'에 따르면 팬데믹으로 인한 소비심리 위축에도 불구하고 2020년 세계 펫케어 시장은 전년대비 6.9% 증가한 1421억 달러를 기록했다.

한국농촌경제연구원에 따르면, 2015년 1조9천억원 규모였던 국내 반려동물 시장이 올해는 4조5786억원에 이르고, 2027년에는 6조원 규모까지 성장할 것으로 전망된다.

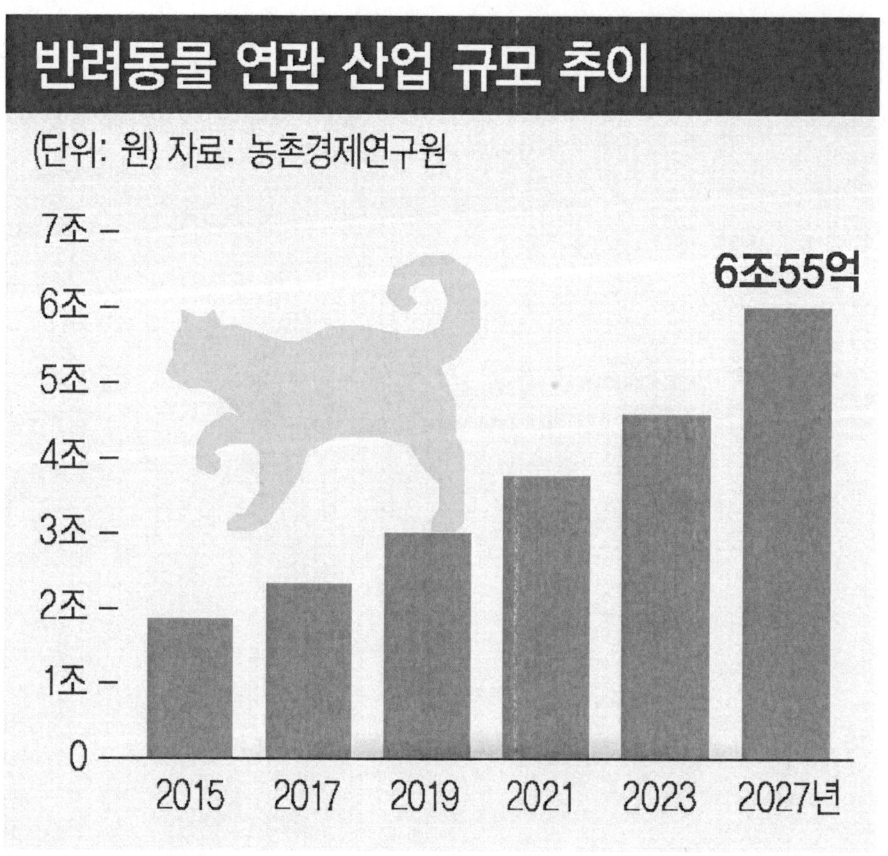

---

41) [펫헬스케어①]6조원대 블루오션 부상 "반려동물' 시장의 동향 및 전망 / 글로벌경제신문

펫코노미(Pet+Economy)시대가 도래하면서 전세계적인 반려동물 산업은 무서운 성장 추세에 있다. 국내 반려동물 산업의 성장배경에는 다양한 이유가 존재하며 그 중 가장 첫번째로 언택트(Untact) 문화 확산을 들 수 있겠다.

가장 중요한 이유를 꼽아보면 신종코로나바이러스감염증(이하 코로나19) 팬데믹으로 인한 언택트(Untact)문화의 확산이다. 사실 이같은 변화의 트렌드는 일찍 예견되었다. 코로나19 팬데믹가 직접적인 원인으로 지목받은 것은 아니지만, 1990년대 말 세계미래학회(WFS, World Future Society)는 21세기의 10대 大변화로 예측한 한가지가 바로 인간의 외로움을 달래줄 각종 반려동물의 수가 급격히 증가한다는 부분이다. 현재 반려동물 산업의 성장의 가장 큰 이유로 보는 고령화와 1인가구 증가로 인한 외로움 달래는 목적을 정확히 예측하였다.

팬데믹이 본격화되기 시작하면서 재택근무, 온라인 원격수업, 격리 생활 장기화 등과 정부의 고강도 거리두기 정책 등으로 외부와 접촉을 차단하고 집에서 보내는 시간이 많아지면서 펫콕족(집에서 반려동물과 시간을 보내는 보호자들)이 증가했다.

그러다보니 자연스럽게 반려동물과 함께 여가를 보내며, 평소보다 더욱 관심을 쏟는 부분이 많아지면서 반려동물의 예방의료, 용품 등의 매출이 크게 증가했다는 분석이 지배적이다. 실제로 반려동물 입양사례도 증가하고 있다. 한국무역협회에 따르면 미국의 경우 미국동물복지증진협회와 미국동물학대방지협회(ASPCA)가 미국 전역 1,400여개 유기동물보호소 자료를 집계한 결과 2021년 기준으로 작년대비 입양사례가 100% 이상 증가하였고, 가정에서 맡아 키우는 수탁 사례가 197% 가까이 증가하였다. 이같은 결과는 코로나19로 인해 근무, 여가 시간을 집에서 보내는 사람들이 늘어나면서 답답함과 불안감을 해소하고 정서적 안정을 찾기위해 반려동물을 입양하는 가구가 늘어나고 있다는 것이다.

반려가구의 증가와 더불어 반려동물을 가족의 일원으로 여기는 펫 휴머나이제이션(Pet+Humanizaion)트렌드가 확산되고 있다. 농림수산식품교육문화정보원(이하 농정원)이 지난해 발표한 '코로나19 확산 전후 반려동물 문화 트렌드에 대한 온라인 빅데이터'를 분석한 결과에 따르면 '반려동물 문화' 언급량은 지난 2019년 대비 27% 증가하였고, 반려동물과 함께 할 수 있는 여행, 캠핑등 외부 여가활동에 대한 관심이 높게 나타났다.

또한 코로나19 발생 전 반려동물 신문화(펫캉스, 펫셔리, 펫부심 등)가 지나친 행동이라는 인식과 공감되지 못했던 부분들이, 코로나19 발생 후로 반려동물 돌봄 문화가 확산되면서 서비스의 취지에 공감하고 이색 서비스(펫시터, 반려동물 장례 등) 도입을 환영한다는 긍정적인 의견이 2배 이상 증가하였고 높은 언급량을 보였다. 이같은 현상은 코로나19로 반려동물과 함께하는 시간이 늘어나면서 반려동물에 대한 긍정적 인식과 가족 구성원으로 여기는 문화가 형성·확대된 것으로 풀이된다.

 MZ세대(1980년대 초부터 2000년대 초 사이에 출생한 자)가 최근 반려동물 문화를 이끌고 소비의 주체가 되면서 전세계적으로 반려동물 문화를 이끌고 산업의 성장을 주도하고 있다.

 미래에셋증권 글로벌펫케어 리포트에 따르면 MZ세대를 중심으로 애완동물이 아닌 가족으로 여기는 인식이 확산 중이며, 디지털 소통 채널을 기반으로 다양한 경험으로 가치를 얻을 수 있는 자기판단의 기준으로 소비의 중심이 되고 있는 MZ세대의 반려동물 시장에서 소비 주체로 부상은 더욱더 반려동물 산업 성장을 가속화할 것이란 전망이다.

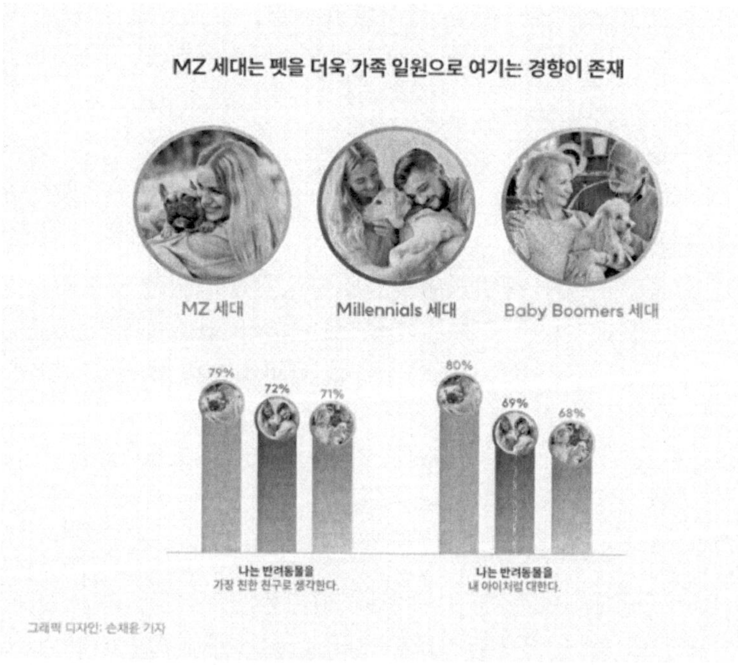

그림 56 미래에셋증권 글로벌 인더스트리 리포트

 이 같은 반려동물의 지위 격상과 인식변화로 인해 사료, 간식, 장난감 등 주요 지출 영역인 리테일 부분의 프리미엄이 확산되고 있으며, 펫 유치원, 웰니스, 장묘서비스 등 반려동물 관련 신규 업종 창출과 시장이 생겨남에 따라 반려동물의 지출 비용의 증가로 이어진다는 분석이다.

 반려동물이 가족 구성원으로 인식되기 시작하면서 가장 먼저 프리미엄화가 된 부분은 사료인데, 결국 사료의 질이 반려동물의 건강과 수명에 직접적인 영향을 미치기 때문이다.

최근 반려동물 사료 시장은 견·묘종, 연령, 선·후천적 질병 등 반려동물의 개별 특성까지 고려하여 세분화되는 양상을 보이고 있으며, 기존의 사료처럼 생산원료로 일괄 적용하는 잡뼈, 육분 베이스가 아닌 사람도 먹을 수 있는 '휴먼 그레이드' 등급의 사료가 인기를 끌고 있다.

1. 반려동물 식품산업

표 7 국내 펫푸드 시장 규모(단위:억원) 출처: 유로모니터

	2018년	2019년	2020년
건사료(개)	5376	5596	5884
습식사료(개)	584	613	673
간식(개)	1269	1498	1532
건사료(고양이)	2483	2889	3349
습식사료(고양이)	525	636	822
간식(고양이)	566	804	973
기타 동물	90	92	96
전체	**10893**	**12128**	**13329**

2020년 한국 펫케어 시장 규모는 전년 대비 7.6% 늘어난 18억 2900만 달러(2조 1100억원)를 기록했다.

유로모니터의 펫케어(Pet Care) 카테고리는 펫푸드(Pet Food)와 반려동물용품(Pet Products)으로 분류되며, 펫푸드는 다시 ▲Cat Food(고양이 사료) ▲Dog Food(개 사료) ▲Other Pet Food(기타 사료)까지 3가지로 나뉜다. 펫푸드에는 건식 사료, 습식 사료, 간식이 포함된다.

펫푸드 시장만 보면, 2020년 기준 국내 펫푸드 시장 규모는 약 1조 3329억이었다. 반려견 건사료 시장이 5884억원으로 가장 컸으며, 그 뒤를 고양이 건사료 시장(3349억), 반려견 간식 시장(1532억), 고양이 간식 시장(973억원)이 이었다. 전년 대비 성장률은 개(2.3~9.8%)보다 고양이 펫푸드 시장(15.9~29.2%)이 훨씬 높았다.[42]

펫푸드 구입은 온라인 63.0%, 반려동물 전문매장 및 대형마트 등을 포함한 오프라

---

42) 국내 펫푸드 시장 규모 1조 3329억원…전체 펫케어 시장은 2조 1110억. 2021.5.21. 데일리벳

인은 36.4%로, 온라인 채널 비중이 높다. 또한, 상대적으로 반려묘 펫푸드 구입은 온라인에서 구입하는 비중이 71.0%로 반려견 펫푸드 대비 높게 나타나 반려동물에 따른 구입 채널의 차이를 보인다.

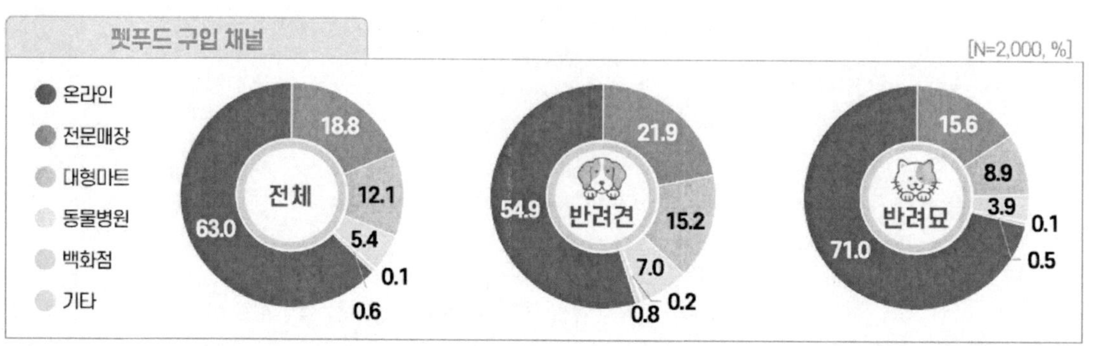

소비자들은 펫푸드 구입 시 가격(24.1%), 반려동물의 기호(21.7%), 기능성 원료(18.6%) 등의 순으로 중요하게 고려했다. 포장 표시사항에 대해서는 인증마크 유무(25.6%), 영양성분(25.0%), 원료 주성분(18.8%), 원산지(국산/수입) 표시(9.8%)를 중요하게 인식했다. 펫푸드 구입 시 고려 사항으로 반려견은 기능성 원료(피부, 관절 관리 등) 측면을, 반려묘는 반려동물의 기호 측면을 보다 중요하게 고려하는 것으로 나타나 차이를 보인다.

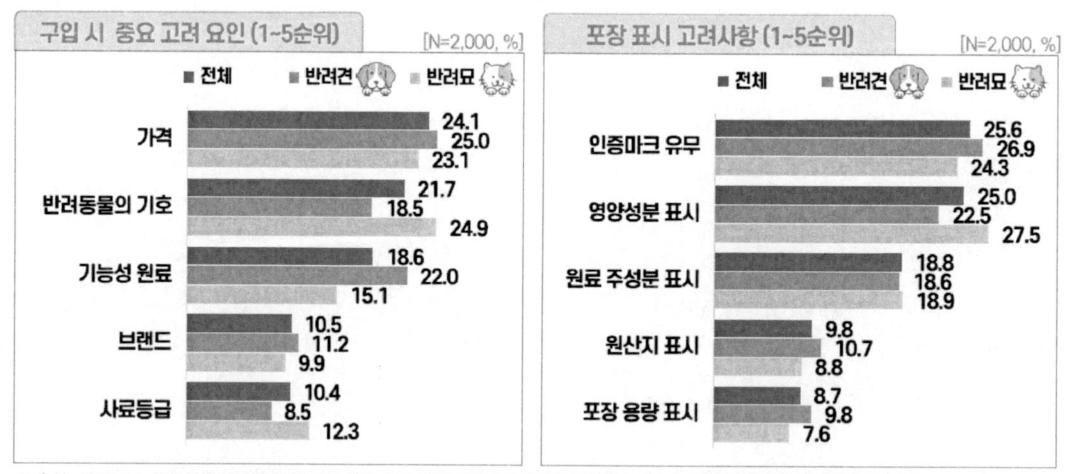

※ 출처: 2021.11, 반려동물 사료 유통 및 표시 실태 조사 보고서(반려견·반려묘 양육자 2,000명 대상, 온라인조사), 한국 소비자원

인상 깊은 펫푸드 광고 표현에 대해 '휴먼그레이드' 32.2%, 'HACCP 인증' 20.4% 순으로 높게 응답되었으며, 이는 반려동물에게 조금 더 건강하고 안전하게 만들어진 제품을 먹이고자 하는 소비자의 수요가 반영된 것으로 분석되었다. 또한, 향후 구입하고 싶은 펫푸드는 '종합 영양 사료' 28.7%로 가장 높게 응답되었으며, 이어서 '체중(비만) 관리' 10.6%, '면역관리' 10.0% 순이다. 오랫동안 함께할 가족인 반려동물의

건강 관리에 도움이 되는 기능성 사료에 관심이 높다.

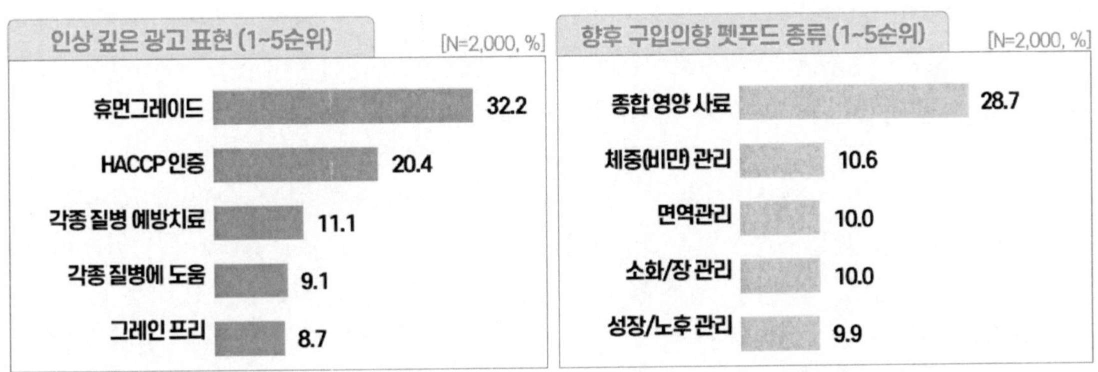

현재 급여 중인 사료 브랜드는 '로얄캐닌'이 25.7%로 해외브랜드 사료 사용율은 높으나, 선호하는 펫푸드 원산지는 국내산 선호 비율이 70.5%로 수입산 29.5%보다 높아 국내 브랜드의 시장 확대 가능성이 보인다.

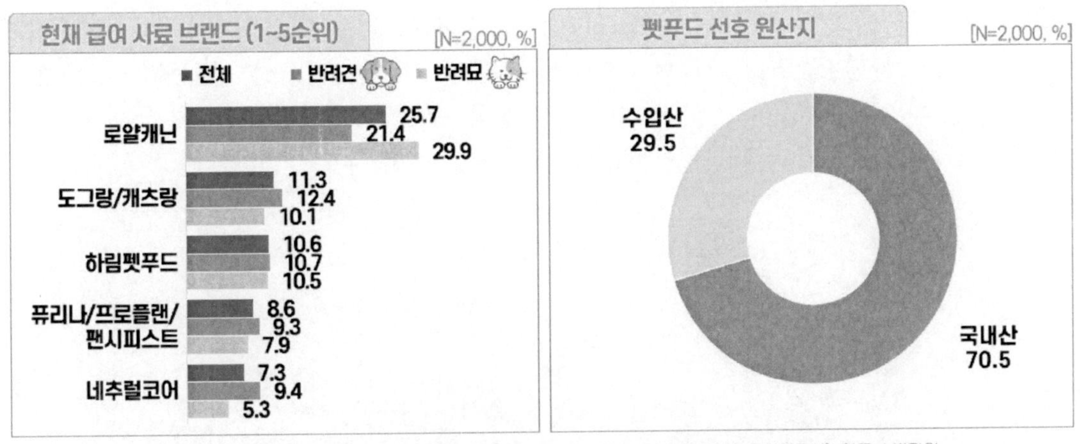

※ 출처: 2021.11, 반려동물 사료 유통 및 표시 실태 조사 보고서(반려견·반려묘 양육자 2,000명 대상, 온라인조사), 한국 소비자원

반려동물 사료는 식품업계는 물론 치킨업계까지 뛰어드는 '핫'한 시장이다. 풀무원·동원에프앤비(F&B)를 비롯해 하림·제너시스비비큐(BBQ)·굽네 등 치킨업체들도 일찌감치 반려동물 사료 시장에 뛰어들었다. 케이지씨(KGC) 인삼공사 정관장의 지니펫 역시 반려견과 반려묘를 위한 '홍삼 사료'를 출시하는 등 프리미엄 사료 개발·판매에 나섰다. 종갓집 김치로 유명한 대상도 지난해 말 정관의 사업 목적에 '애완용 동물 및 관련 용품 도·소매업'을 추가하며 반려동물 시장 진출을 앞두고 있다. 최근 반려동물 시장에서는 대체육·비건 사료가 인기다. 비건 사료가 저품질 육류 성분보다 되레 안전성도 높고 알레르기도 덜할 뿐 아니라 노령견의 건강까지 챙길 수 있다는 것이 업계 설

명이다.

 펫 사료업체인 제로펫 에프앤비는 이달 초 고품질 콩단백 중심으로 영양소를 배합한 '그레잇빌리 저탄소 대체육 비건 펫푸드'를 선보였다. 대체육으로 각광받는 식용곤충을 재료로 한 반려동물 간식도 출시됐다. 대웅펫은 이달 초 식용곤충을 이용해 단백질 함량을 높인 영양간식을 선보이는 브랜드 '애니웜'을 선보이고, 전용 간식 제품 '애니웜 트릿 3종'(고구마·단호박·연어)을 출시했다.

 제약업계는 유산균, 체력 보강제, 관절 영양제 등 다양한 건강기능식품도 내놓고 있다. 광동제약은 숙지황, 홍삼 농축액, 아카시아 벌꿀 등이 함유된 프리미엄 반려견 영양제 '견옥고'를 양갱 형태와 스틱포(츄르형)로 출시했고, 일동제약은 반려동물 장 건강용 프로바이오틱스 '일동 비오비타 시리즈'와 '더 정직한 보스웰리아' 등을 선보이기도 했다. 업계 관계자는 "반려동물 인구가 늘면서 '펫 휴머니제이션'(반려동물의 인간화)이 뚜렷한 분야가 펫푸드와 영양제 시장"이라며 "가족의 일원인 반려동물에게 사람이 먹는 것과 같은 재료로 만든 고품질의 제품을 먹이려는 사람이 늘고 있다"고 말했다.

 동물용 식품 개념이 '사료'에서 '푸드'로 바뀌면서 프리미엄·맞춤형 제품까지 등장했다. 반려동물 식품에 홍삼과 프랑스산 치즈, 냉장육, 한우 등을 넣어 만든 제품으로 확장되고 있다.한편, 펫푸드 시장은 외국산 제품의 비중이 70%를 넘는다. 로열캐닌, 롯데네슬레(퓨리나), 마스 등 외국 기업이 시장을 오랫동안 장악해왔다. 국내 식품 대기업들은 3~4년 전부터 신제품을 개발, 공장 건설 등 대규모 투자를 하고 있다.

그림 61 하림펫푸드의 100% 휴먼그레이드 사료 '더:리얼'

하림그룹은 2017년 6월 반려동물 사료 브랜드 '하림펫푸드'를 론칭했다. 충남 공주에 400억 원을 투자해 공장을 세우고 사람이 먹어도 아무 문제가 없다는 '100% 휴먼

그레이드'를 내세우면서 제품 홍보를 하고 있다. 얼리지 않은 냉장육을 사용하고 곡물을 뺀 '더 리얼 그레인 프리' 등 프리미엄 전략을 쓰고 있다. 그리고 외국 제품에 비해 가격 경쟁력도 있다. 기존 프리미엄 사료 가격의 1/3 수준이다. 하림그룹 관계자는 원재료를 신선하고 안전하게 관리해 사람이 먹어도 전혀 문제없는 수준의 제품으로 시장을 공략하겠다고 말했다.

 최근 하림펫푸드는 건강고민별 맞춤 솔루션 슬로건 '밥이보약'에서 반려견용 '영양톡톡' 건강 부스터 3종을 출시했다고 밝혔다. 밥이보약 '영양톡톡'은 강아지 사료나 간식에 톡톡 뿌려 간편하게 급여할 수 있는 100% 휴먼그레이드 건강 부스터다. 건강고민별 식재료를 함유, 매일 가볍게 챙기는 영양 파우더로 칼로리 걱정을 줄였다.

 밥이보약 '영양톡톡'은 건강 고민에 맞도록 관절, 장, 면역에 좋은 3가지 종류로 구성되었다. '영양톡톡 관절'은 관절에 좋은 초록입홍합, 글루코사민, 식이유황(MSM)이 함유돼 있다. '영양톡톡 장'은 비피더스 2종, 락토바실러스 2종, 단호박을 주성분으로 만들었다. '영양톡톡 면역'은 면역력 향상에 좋은 블루베리, 강황, 단호박이 함유돼 있다.43)

그림 62 CJ제일제당의 '오프레시'

 국내 1위 식품기업 **CJ제일제당**은 '오프레시'라는 이름으로 2013년부터 반려견 사료 7종과 반려묘 사료 2종을 판매하고 있다. '오네이처'라는 우유팩 모양의 '카톤팩 사료'도 국내 최초로 선보였다. 그러나 7년간 펫푸드 사업을 이어 온 CJ제일제당은 2020년 관련 사업을 접었고, 빙그레 또한 진출 1년 반 만에 펫푸드 시장에서 사업을 철수한 것으로 알려졌다.44)

---

43) "사료에 뿌려 먹이세요" 하림펫푸드 '밥이보약 영양톡톡' 출시.2021.2.18.news1뉴스
44) 4조원 펫푸드 시장서 수입브랜드 벽 못 넘는 토종기업…동원F&B-하림-GS리테일 '고전' CJ제일제당
  -빙그레는 '철수'.2021.2.19.매일경제 TV

그림 63 동원F&B의 고양이사료 브랜드 '뉴트리플랜'

참치가 전문 분야인 **동원F&B**는 고양이 사료 시장에 뛰어들었다. 해마다 두자릿수 성장세를 보이고 있는 국내 펫푸드 시장을 겨냥해 2018년 초 고양이 전문 사료 브랜드 '뉴트리플랜'을 내놨다. 1991년부터 일본에서 고양이 사료를 5억 캔 이상 판매한 기술력을 활용해 한국 시장에서 1000억원대 브랜드로 키우겠다는 계획이다.

이렇듯 국내 기업들이 상품을 마케팅 포인트로 잡고 대형마트 등 전통 유통망을 적극 활용했지만, 펫 시장 소비자들의 높은 수입제품 의존도와 동물병원 중심 유통망을 간과했다.

국내 기존의 반려동물 사료 시장은 로얄캐닌, 마즈, 네슬레 등 외국 기업이 장악하고 있다. 용품 시장도 상황은 비슷하다. 이들은 시장 초기부터 동물병원과 소규모 전문점 등 오프라인을 중심으로 유통망을 넓혔다. 이에 따라 대체재가 적었던 만큼 한번 유입된 소비자들은 같은 브랜드 제품을 꾸준하게 사용했다.

국내 대기업들도 이런 시장 구조를 깨지 못했다. 동원에프앤비 뉴트리플랜은 2020년까지 매출 1000억 원 달성을 목표로 했지만 실제 성과는 200억 원대에 그쳤다. 하림펫푸드는 2020년 전년 대비 91.5% 증가한 약 198억 원의 매출을 기록했지만 영업손실 28억 원을 내며 적자를 벗어나지 못했다. CJ와 빙그레는 수익성을 이유로 시장에서 철수했다. 이마트 몰리스펫샵은 성장이 정체되며 한때 매각설에 휘말리기도 했다.

하지만 업계에서는 펫 시장을 둘러싼 경쟁은 이제부터가 진짜 시작이라고 보고 있다. 펫푸드 시장 성장과 함께 기존 시장 구조의 변화가 일어나고 있어서다. 시장이 성장하며 반려동물에 관심을 가지는 소비자가 늘자 관련 지식 수준도 높아졌다. 전문가에 의존하기보다 스스로 자신의 반려동물에게 알맞는 상품을 찾는 수요가 두드러지고 있다.

최근 반려동물 용품 소비자 중 52.4%는 사료 1순위 구매처가 온라인이라고 응답했다. 사료 외 용품에서도 45.4%의 소비자가 온라인 구매를 가장 선호했다. 반면 동물병원의 1순위 선호도는 사료 10.8%, 용품 12.2%에 그쳤다.

이에 대비하는 기업의 온라인 펫 시장 공략 움직임도 활발해졌다. 동원에프앤비는 2020년 5월 펫 푸드·용품 전문 온라인몰 '츄츄닷컴'을 열었고, 이마트는 몰리스펫샵을 네이버 스마트스토어에 입점시켰다. 이어 라이브커머스 영역까지 사업을 확대했다. GS샵도 GS리테일과의 통합을 앞두고 반려동물 전문관 '펫지(Pet G)'를 론칭했다. 이에 따라 시장 구조 변화와 이를 선점하려는 기업의 전략이 시너지를 내 펫 시장 경쟁 구도 재편을 불러올 것이라는 분석이다.[45)

한편, 최근 국내 반려동물 식품시장에는 기능성 사료 개발 경쟁이 활성화되고 있다. 그동안 반려동물 식품 시장은 외국 수입에 의존해왔기 때문에 국내 농산물로 만든 기능성 사료 개발에 대한 필요성이 대두되었던 것이다.

이에 따라 최근 국내 반려동물 식품 시장은 반려견 비만 예방에 도움이 되는 기능성 식품에 주목했다. 반려견의 비만은 관절·심혈관계 질환 등 다양한 질병과 연관되며, 수명 단축에도 영향을 미치기 때문에 체중 관리는 매우 중요하다.

그림 64 농촌진흥청 개발 기능성 반려동물 식품(출처: 농진청 국립축산과학원)

---

45) "물 들어온다"…유통·식품업계, '펫 시장' 공략. 2021.5.5. 비즈니스와치

농촌진흥청은 가천대학교와 협업을 통해 국내 생산 농산물인 흑삼과 홍잠, 동애등에 유충(애벌레)등을 소재로, 반려견 비만 예방에 도움이 되는 기능성 반려동물 식품(펫 푸드4)을 개발한 것으로 알려졌다.

농진청 국립축산과학원 동물복지연구팀의 실험 결과, 고열량으로 급여한 반려견 그룹 가운데, 흑삼과 홍잠 복합물 식품을 급여한 그룹이 급여하지 않은 그룹보다 체중 증가율이 8% 낮았고, 반려견의 지방 축적 정도를 평가하는 지표인 신체충실지수(BCS) 증가율도 10% 더 낮았다. 또한 새로운 단백질 소재로 주목받고 있는 유용곤충인 동애등에 유충을 활용, 반려견의 혈중 콜레스테롤 농도가 약 10% 감소하는 식품도 개발했다.

더불어, 축산과학원은 식용곤충, 기능성 쌀 등 국내 농산물을 활용해 반려견의 알러지 저감, 면역 증진 등에 효과가 있는 기능성 반려동물 식품 9종을 개발했으며, 5건의 특허출원과 7건의 기술이전을 달성한 바 있고, 이번 R&D 성과를 산업에서 활용할 수 있도록 지식재산권을 출원했다고 덧붙였다.[46]

이외에도 친환경 기업 디사이플스는 반려동물들을 위한 친환경 브랜드 '어글어글'을 통해 영양학적으로 반려동물의 건강에 도움을 줄 수 있는 식재료를 연구하고 식단 설계를 전문적으로 수행하고 있다.

디사이플스는 2017년부터 지역 농가들과 친환경 농축산물 소비촉진 및 반려동물을 위한 안전한 먹거리 공급을 위한 상생협력을 맺고, 국내 농산물을 활용해 스팀, 샐러드, 우유껌 등 다양한 반려동물 홈메이드 푸드 상품을 개발해 농가 소득증대에도 기여하고 있다.

또한 중소벤처기업진흥공단 벤처기업인증을 획득하는 등 더욱 안전한 반려동물 식품 생산 및 친환경 기능성 제품 연구개발에 투자를 지속하고 있다. 이와 더불어 디사이플스는 첨단 동결건조기법을 적용한 반려동물 기능성 사료, 다양한 원물을 활용한 큐브형 동결건조 간식, 신선한 산양유를 접목시킨 동결건조 치즈팝 간식 등 소비자의 니즈 및 트렌드에 맞춰 다양한 신제품을 출시할 계획을 밝혔다.[47]

---

46) 기능성 반려동물 식품, 국산으로 대체한다. 2021.5.27. 미디어펜
47) 친환경 농산물로 반려동물 먹거리 개발. 2021.5.28. 한국일보

2. 반려동물 용품산업[48]

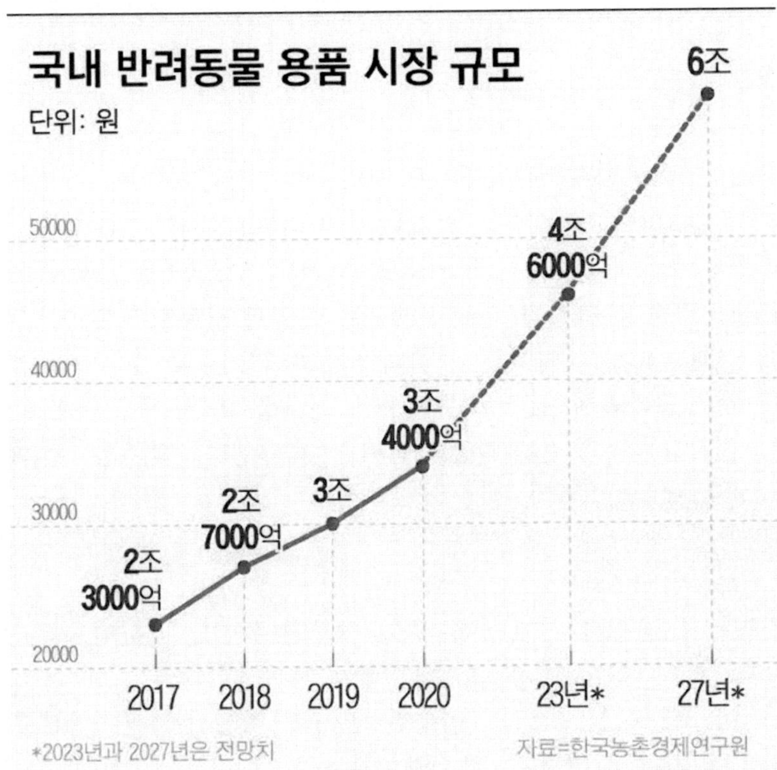

한국농촌경제연구원에 따르면 국내 반려동물 시장 규모는 2015년 1조9000억원에서 2021년 3조4000억원으로 성장했다. 오는 2027년에는 6조원이 될 전망이다.

가전업계도 반려동물을 겨냥한 제품을 속속 출시하고 있다. 통신업계 역시 통신기술과 사물인터넷 기술을 앞세워 반려동물 시장 공략에 나섰다.

물이나 사료를 자동으로 급여하는 '스마트 급수기'와 '스마트 급식기', 털을 쉽게 말릴 수 있는 '펫 드라이룸' 등은 이미 보편화됐다. 현대렌탈케어 등 가전렌탈 업계는 이러한 스마트 기기 대여 시장에 일찌감치 뛰어들었다.

최근에는 맞춤형 기기도 출시되고 있다. 롯데하이마트는 자체브랜드(PB) 하이메이드를 통해 '펫 풋 클리너&마사지기'를 선보였다. 반려견이 외출에서 돌아왔을 때 발을 세척하고 마사지를 해주는 무선 제품이다. 롯데하이마트 관계자는 "시장이 커질수록 고객의 요구도 다양해지는 만큼 반려동물 스마트 기기 역시 세분화한 기능과 디테일한 성능을 자랑하는 제품이 출시되고 있다"고 설명했다.

---

48) '멍멍 야옹' 큰 손 잡아라···5조 반려동물 시장 각축전 / 한겨레

삼성전자는 반려동물과 함께 하는 생활을 좀 더 쾌적하게 만들어주는 제품에 공을 들이고 있다. 삼성전자 '비스포크 큐브에어 펫케어'는 '펫 맞춤 청정' 기능을 넣어 반려동물 털·냄새를 제거해주고, '비스포크 제트 봇 에이아이'는 반려동물의 일상을 모니터링하는 '스마트싱스' 앱을 탑재해 돌봄 기능을 지원하는 식이다.

이동통신 사업자들도 '펫테크' 시장 공략에 나섰다. 엘지유플러스(LGU+)가 지난해 내놓은 '펫토이'와 '포동'이 대표적이다. 펫토이는 본체에 간식이 담긴 공을 최대 5개까지 담아 보호자가 스마트폰을 이용해 집 밖에서도 공을 내보내 노즈워크(코를 이용한 놀이)를 유도한다. 공이 굴러나오면 반려견이 두려워하는 초인종·천둥소리 등이 흘러나와 생활소음 훈련도 해 준다. 포동은 반려견 엠비티아이(MBTI)라 할 수 있는 성향분석 검사인 '디비티아이'를 제공하면서 상담소·훈련사와 견주를 연결하는 훈련 클래스를 운영하는 서비스다. 엘지유플러스 관계자는 "반려견을 야생성, 의존성, 관계성, 활동성 등 16가지 유형으로 분류해 문제 행동을 교정할 수 있도록 돕는데, 출시 6개월 만에 등록견이 15만마리를 넘어섰다"고 말했다.

에스케이텔레콤(SKT)은 반려동물 건강관리 보조 서비스 '엑스칼리버'를 내놨다. 병원에서 촬영한 반려견의 근골격(7종)과 흉부(10종) 등 엑스레이 사진을 클라우드에 올리면 인공지능(AI)이 약 30초 이내에 다친 부위의 정확한 위치와 비정상 소견 여부를 판별해 수의사에게 제공하는 웹 기반 서비스다. 에스케이텔레콤 관계자는 "기존에 보유한 통신·사물 인터넷 기술과 접목해 국내 반려동물 인구를 공략하는 만큼 시장 확장성이 커, 업계가 속속 관련 사업에 뛰어들고 있다"고 말했다.

그림 66 펫케어 기업 '펫프렌즈'

한편 반려동물 용품업계의 '쿠팡'으로 불리는 펫프렌즈의 2020년 연간 매출은 약 500억원으로 전년 대비 3배 이상 급성장했다. 펫프렌즈 관계자는 "2020년 쇼핑앱의 월 방문자 수가 13만명, 누적 회원 수는 40만명을 돌파하는 등 급성장했다"며 "특히 이용자의 83%가 재구매할 정도로 충성고객이 늘면서 실적도 큰 폭으로 성장했다"고 말했다.[49]

그림 67 이베이코리아 G9

이베이코리아의 G9는 반려동물용품 상품 매출을 분석한 결과 2020년도(2.25~3.26) 판매량이 전년 동기 대비 236% 신장했다고 밝혔다. 특히 반려동물 위생용품 판매량은 지난해 같은 기간보다 368% 증가했다. 구체적으로 강아지 위생용품의 경우 336%, 고양이 위생용품은 444% 신장세를 보였다. 이 가운데 살균·탈취제 2640%, 구강위생용품 446%, 애견용 기저귀 867%의 신장률을 기록했다. 고양이용 모래매트·삽의 판매량도 957% 급증했다.

집에서 반려견들의 셀프 미용을 하려는 사람들의 수요 증가세에 강아지 미용용품 판매량도 336% 늘었다. 구체적으로 브러쉬·발톱깎이는 635%, 샴푸·린스는 363%, 이발기·가위는 198% 신장했다. 고양이 미용·패션용품 역시 433% 증가했다고 밝혔다.[50]

---

49) '코로나에도 매출 4배 껑충'…펫케어 스타트업 뜬다.2020.12.29.머니투데이
50) 펫용품 구매도 이젠 언택트…온라인 펫용품 판매 3배↑. 2020.3.30. 브릿지경제

그림 68 CJ대한통운 · 펫프렌즈 풀필먼트 서비스

CJ대한통운은 국내 펫커머스 1위 기업인 펫프렌즈와 함께 '풀필먼트 서비스'를 제공한다고 밝혔다. 자체 온라인몰을 운영하는 유통사로는 이번이 첫 사례다.

이에 따라 2021년 3월부터, 밤 12시까지 관련 상품을 주문해도 다음날 상품을 받아볼 수 있는 배송서비스가 제공될 예정이다. 소비자의 주문이 들어오면 곤지암 e-풀필먼트 센터에 입고된 펫프렌즈 상품을 바로 같은 건물 내에 위치한 택배메가허브터미널에서 분류해 발송하기 때문이다. 기존 이커머스 물류 대비 8시간의 여유시간이 확보되는 셈이다.

이에 대하여 CJ대한통운 관계자는 "이커머스 물류과정에 대한 일괄 제공과 CJ대한통운 전국 인프라를 통해 더욱 안정적 물류 서비스 제공이 가능해졌다"고 밝혔다.[51]

---

51) "집사만 로켓배송받냥"…펫용품 다음날배송 시대 열린다. 2021.2.7.머니투데이

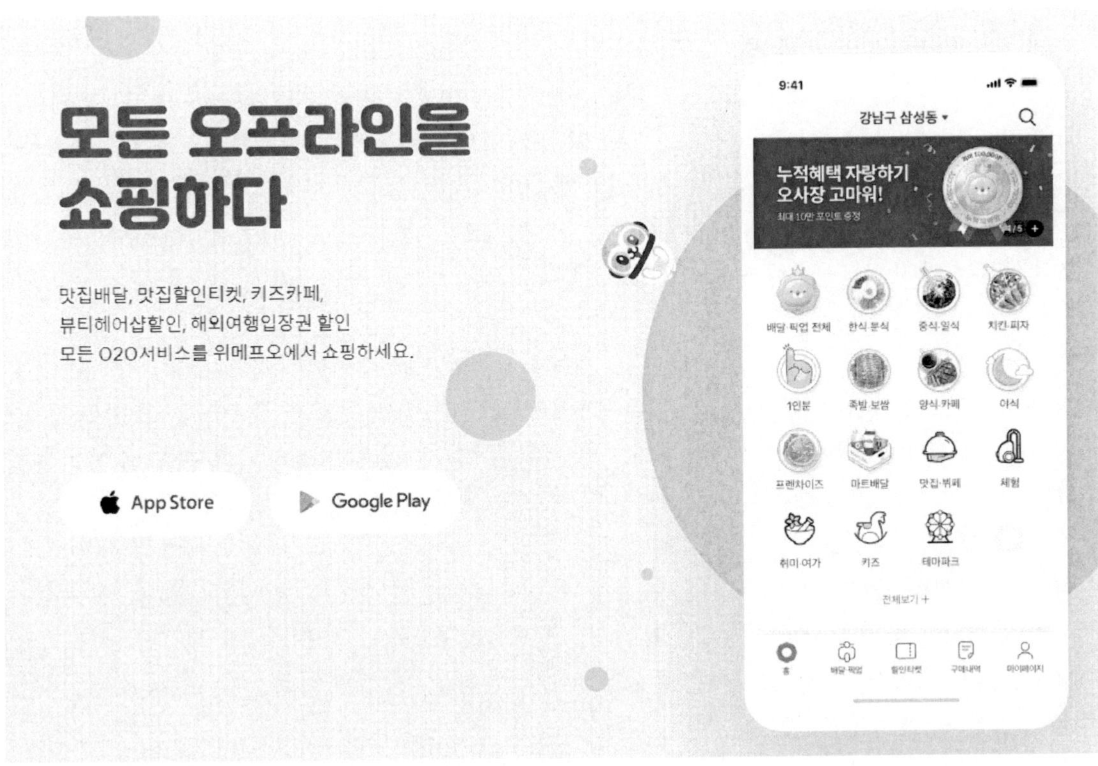

그림 69 O2O 서비스 플랫폼 위메프오

O2O 서비스 플랫폼 위메프오는 반려동물 용품 구매부터 시설 예약까지 가능한 서비스를 선보일 계획이다. 위메프오는 반려견 종합 서비스 기업 '다독인더시티'와 업무협약(MOU)을 체결하고, 반려동물을 위한 O2O 서비스를 선보인다고 밝혔다.

위메프오 고객은 위메프오 앱 안에서 반려견 용품 구매부터 △호텔 △유치원 △카페 △목욕시설 △미용 △야외 수영장 등 서비스를 원스톱으로 이용할 수 있다.

위메프오는 2021년 2분기 중 반려견 전용 용품 전국 택배 발송 및 당일 배달(강남권)을 시작한다. 반려견 전용 인프라 서비스는 이후 순차 오픈할 예정이다. 연내 애견 택시 예약 서비스도 이용할 수 있다.

한편, 위메프오는 '모든 오프라인을 쇼핑한다'는 비전 실천 일환으로 이번 협약을 진행했다. 위메프오가 가진 플랫폼과 배달 인프라를 적극 활용해 '생활 밀착형 O2O 플랫폼'으로 빠르게 성장한다는 목표다. 지난해부터 꽃배달, 출장세차, 화물용달, 전통주 판매 등 O2O 서비스를 확장하고 있다.[52]

---

52) 위메프오, 반려동물 용품구매부터 호텔예약까지 다 된다. 2021.4.28. 대한경제

3. 반려동물 서비스산업

 국내 반려동물시장은 크게 식품산업, 용품산업, 의료산업이 장악하고 있다. 하지만 반려동물에 대한 소비가 점점 사람과 닮아가면서 반려동물 '서비스 시장'의 발전이 빠르게 발전하고 있다. 아직 국내에서는 규모가 크지 않지만 반려동물 산업이 발달한 해외에서는 이미 상당한 규모를 가지고 있다.

 반려동물 서비스 중 가장 보편적으로 보이는 서비스는 위탁 서비스이다. 갑작스러운 출장이나 경·조사, 여행 등으로 집을 비워야 할 때 반려동물을 맡길 곳이 마땅치 않은 사람들을 위해 생겨난 서비스이다. '반려동물 전용 호텔'이나 시간제로 반려동물을 돌봐주는 '펫시터'가 대표적이다. 최근에는 '반려동물 유치원'도 생겼다.

 [53]국내 펫시터 서비스는 수의대 학생들이 펫시팅을 전담하는 업체, 산책만 전문적으로 돕는 업체 등 시장이 세분화 되어 있으며, 방문 목욕, 미용 등 다양한 서비스를 제공하는 움직임이 보인다. 국내 주요 펫시팅 업체는 도그메이트, 우프, 펫트너, 펫플래닛, 페팸 등이 있다.

 하지만 반려동물은 갑자기 환경이 바뀌면 많이 낯설어하거나 적응을 못하는 경우가 많다. 때문에 갑자기 반려동물 전용 호텔에 가거나 펫시터에게 맡겨지면 반려동물들은 자신이 버려진 줄 알고 식사를 거르거나 밤새 양육자를 찾아 짖는 등 힘들어하는 경우가 많다. 때문에 양육자는 반려동물이 불편해하지 않는 환경을 가진 호텔이나 펫시터를 찾아야한다. 이러한 소비자들의 니즈를 반영해서 '펫시터 파견업체'와 '위탁 중개업체'들이 모바일 애플리케이션을 통해 생겨나고 있다. 이러한 업체들은 소비자들의 사용 후기를 통해 정보를 공유하게 함으로써 소비자들이 더 쉽게 더 나은 서비스를 이용할 수 있도록 돕는다.

 한편, 이렇게 반려동물을 돌봄으로써 수익을 창출할 수 있는 환경이 만들어지면서 '반려동물관련 자격증'에 응시하는 사람들도 늘어나고 있다.

 반려동물관리사는 반려동물을 적재적소에서 관리하고 돌볼 수 있는 지식을 가지고 있는 동물 전문가로 의료업을 제외한 반려동물 생산업과 관련 용품 제조 유통업, 위탁 관리업, 교육 훈련업 등 다양한 영역에서 직업을 선택할 수 있다는 점이 반려동물관리사 자격증의 인기 요인이라고 할 수 있다.

---

53) 한겨례, 2018.08.16. 당신이 궁금해 할 '펫시터'의 모든 것

반려동물관리사 자격증 1급

반려동물관리사 1급		한국직업능력연구원 정식 등록 민간자격증 과정	
담당교수	김병석 교수	자격명	반려동물관리사
강의형태	이론 중심, 사례 안내	민간자격 등록 번호	2019-001945
수업방식	온라인 강의	본 자격증은 자격기본법에 의거하여 한국직업능력연구원에 정식 등록되었으며, 자격관리 및 자격증 발급이 이루어지고 있음을 알려드립니다.	
강의시간	총 6주 과정(약 20시간)		
수강료	300,000원 → 무료	환불정보	
자격증발급비용	85,000원	- 응시료 수강 시작일 1일 전 취소 시 행정수수료 5,000원 공제 후 환불, 수강 당일 취소 20% 공제 후 환불/수강 2일 이후 환불 불가 - 자격발급비 당일 취소 : 100% 환불가능 (업무 외 시간 당일취소→일대일 상담란 혹은 쪽지 접수) 제작진행 및 발송 이전 취소 : 제작비용 제외 후 35,000원 환불 ※ 평일, 주말 동일하게 적용	
무료수강신청	상담신청	한국직업능력연구원 민간자격검색 바로가기	

그림 70 반려동물관리사 자격증 취득 정보(출처: 한국직업능력진흥원)

이에 따라 한국직업능력진흥원에서는 반려동물관리사 과정을 포함하여 반려동물행동교정사, 반려동물장례지도사 등 관련 자격증 포함 총 70종의 자격증 인강과 자격증 취득 시험 응시까지 무료로 제공하고 있다.

이러한 미래유망 반려동물관리사 과정을 비롯해 노인/아동미술심리상담사, 정리수납 전문가, 와인소믈리에 자격증 등 무료수강 신청이 가능한 70과정의 분야별 자격증 취득을 위한 무료수강 혜택을 100% 비대면 시스템 과정으로 지원한다고 밝혔다.

이번 반려동물관리사 무료인강 신청방법은 학점은행제, 미래유망직종 자격증 취득, 스펙자격증, 여성자격증 등 취업 역량을 키우기 원하는 이들이 한국직업능력진흥원 홈페이지에서 무료 회원가입 후 희망 자격증추천 과정을 신청하면 만 19세 이상 누구나 무료수강이 가능하다. 자세한 내용은 한국직업능력진흥원 홈페이지를 통해 확인이 가능하다.54)

---

54) 한국직업능력진흥원, 반려동물관리사 및 미래유망자격증 비대면 무료수강 지원. 2021.05.10. 기호일보

이 밖에도 반려동물을 데리고 외출을 하고 싶지만 대중교통을 함께 이용할 수 없어 곤란한 경우 이용할 수 있는 반려동물 운송 서비스가 생겨났다. 55)2017년 기준 펫택시라고 불리는 이 서비스는 서울에만 10여곳이 성업 중이다. 하지만 이 펫택시는 합법이 맞는지에 대한 논란이 일었다.

56)그러나 그간 입법 공백으로 불법 논란이 있던 펫택시는 2018년 농림축산식품부가 동물보호법을 개정하며 동물운송법을 신설함으로써 지금은 완전히 합법적으로 운영되고 있다.

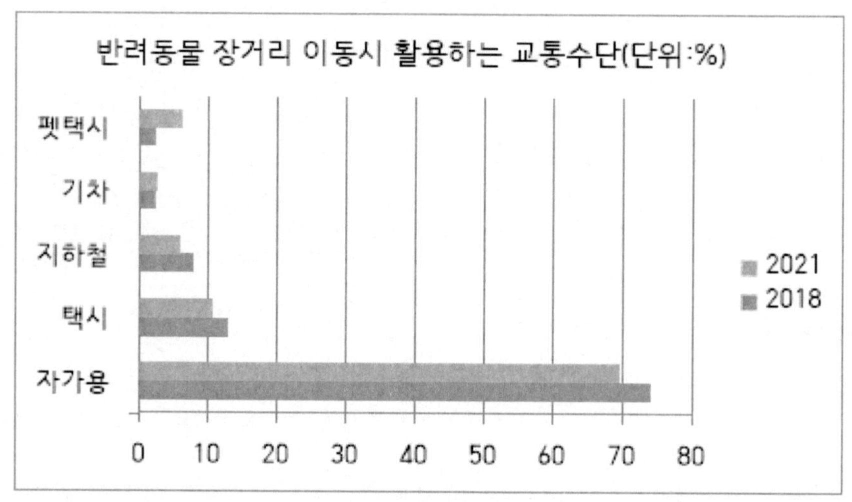

그림 71 출처: KB 경영연구소 '2021 한국 반려동물보고서'(자료 재가공)

kb경영연구소의 '2021 한국 반려동물보고서'에 따르면, '반려동물 외출시 이동 수단'으로 펫택시를 선택한 보호자가 전체의 6.2%였다. 이는 3년 전(2018년) 2.4%에 비해 2.5배 증가한 수치다. kb 경영연구소 측은 "반려동물 전용 이동 수단인 펫택시가 6.2%로 버스, 지하철 등 다른 대중교통 수단과 비슷한 이용률을 보였다"고 밝혔다.

펫택시는 동물보호법상 동물운송업으로 등록한 뒤, 반려동물을 전문적으로 운송하는 차를 뜻한다. 가장 많이 이용하는 이동 수단은 자가용이었는데, 자가용 이용비율은 3년 전 74.0%에서 69.7%로 소폭 감소했다.57)

---

55) 네이버포스트 - [펫캠퍼스] 반려동물을 위한 전문 이동서비스, 반려동물 운송(펫택시, 펫해외운송)
56) 한국경제, 2018.10.17. - '2년 만에 1만건' 비싸도 타는 펫택시..빅나라 펫미업 대표[펫시]
57) 펫택시 이용비율 증가…반려견 산책 횟수도 늘어나. 2021.3.26. 데일리벳

그림 72 반려동물 택시 '펫미업'

한편, 카카오가 자회사 카카오모빌리티를 통해 반려동물 택시 국내 1위 브랜드 펫미업을 인수했다는 소식을 밝혔다. 이로써 카카오는 단순 가맹택시사업을 넘어 반려동물 택시, 기차, 시외버스 등 운송 수단은 물론 주차, 세차 등 다양한 영역으로 사업 다각화에 나서고 있다.

펫미업 운영사 나투스핀에 따르면 카카오모빌리티는 나투스핀의 펫미업사업부문을 인수했다. 카카오모빌리티는 모빌리티 플랫폼 카카오T에 반려동물 전용 서비스인 펫택시를 추가하고 펫택시사업부를 신설할 것으로 알려졌다.

펫미업은 2016년 시작된 국내 1위 반려동물 전용 택시 서비스다. 기본 가격은 1만 1000원으로 기존 택시 서비스보다 비싸지만 무거운 이동장 등을 구비하지 않아도 반려동물과 함께 택시를 이용할 수 있다는 점에서 반려동물을 키우는 소비자 사이에서 관심을 모았다. 누적 이용 건수가 5만 회에 달한다.

정보기술(IT)업계 관계자는 "반려동물 시장은 현재 예측보다도 더 클 수 있는 블루오션이기에 카카오모빌리티가 베팅했다"며 "국내 최대 모빌리티 플랫폼과 1위 반려동물 택시 서비스의 시너지는 매우 클 것"이라고 말했다.[58]

---

58) 카카오 '반려동물 택시업체' 펫미업 품었다. 2021.3.9. 한국경제

그림 73 현대차그룹 반려동물 서비스 '엠바이브'

현대차그룹은 반려동물과 보호자가 함께 이용할 수 있는 모빌리티 서비스 M.VIBE (엠바이브)를 공개했다. 현대차그룹이 서비스 기획, 운영 플랫폼 개발 및 차량 개조를 맡았고 마카롱택시 운영사인 KST모빌리티가 서비스 운영을 담당할 예정이다.

공개된 M.VIBE 서비스는 기존의 예상대로 반려동물 운송에 방점이 찍힌 모빌리티 서비스로 출시됐는데, 전기차를 펫택시 용도로 개조해 서비스에 투입하는 등 기존의 펫택시와 서비스 차별화를 위한 노력이 담겼다.

서비스 운영 방식에서 주목할 건 M.VIBE가 기존의 펫택시와는 달리 '제한된 이동 서비스'만을 제공한다는 점이다. 이는 펫택시서비스의 합법성이 확인되지 않은 가운데, 향후 발생할 수 있는 불법성 논란 등을 해소하기 위한 조치로 해석된다.

M.VIBE 서비스는 연계된 동물병원·반려동물용품점·호텔 등에 예약을 하고 방문할 때만 이용할 수 있다. 현재 연계된 업체는 레스케이프 호텔, 이리온동물병원, 24시청담 우리동물병원, 펫닥 브이케어, 하울팟 등이다. 이외에 한강 동반 산책을 위한 서비스도 제한적으로 운영된다.

이러한 서비스 제한은 모빌리티 서비스의 확장과 사업성만 고려한다면 상식적으로 이해하기 힘들다고 판단할 수 있으나, 모빌리티 업계에선 현대차그룹이 향후 발생할 수 있는 분쟁을 피하기 위해 M.VIBE의 범위를 제한한 것이라고 해석한다. 국내 모빌리티업계 한 관계자는 "현대차그룹이 서비스의 용도를 제한한 것은 향후 발생할지 모를 택시업계의 반발을 피하기 위한 것으로 보인다"며 "여객이 동승하는 펫택시 서비스에 대해 충분히 반발하는 의견이 나올 수 있는 만큼, 반려동물에 집중한 서비스라는 점을 강조하기 위한 장치"라고 평가했다.59)

---

59) '동물병원 갈때만' 탈 수 있는 현대차 펫택시. 2021.4.26. 이코노미스트

반려동물과 함께 하는 여행, 숙박시설도 인기를 끌고 있다. 코로나 장기화로 인하여 집 근처에서 반려견을 산책시키기에도 마땅치 않아, 다른 사람들의 눈치를 볼 필요없는 한적한 숙소를 찾아 떠나는 사람들이 많아졌다.

온라인 여가 플랫폼 야놀자에 따르면 2020년 반려동물 동반 펜션 예약 건수는 작년 동기 대비 140% 증가했다. 야놀자 관계자는 "청정 지역에 주로 있고 거리 두기가 가능한 점이 예약 증가 요인으로 꼽힌다"고 말했다.

공유숙박 플랫폼 에어비앤비는 애견인을 겨냥해 숙소 검색 시 '반려동물 입실 가능' 여부를 체크하는 항목을 마련했다. 검색 창에서 이 옵션을 이용하면 반려동물과 함께 투숙할 수 있는 숙소만 확인할 수 있다. 펜션 외에 호텔이나 콘도에서도 반려동물 관련 상품을 찾아볼 수 있다.

SONO

HOTELS & RESORTS

이에 따라 소노호텔&리조트는 반려동물의 건강까지 챙기는 이들을 위해 반려동물 건강검진과 호텔 투숙을 곁들인 이색 패키지 상품을 내놨다. 이 상품 이용자는 소노펫 동물병원에서 첨단 장비를 활용해 반려동물의 건강을 체크한 뒤 비발디파크나 소노캄 고양 중 원하는 장소를 골라 투숙할 수 있다. 소노펫클럽앤리조트 고양은 웨스트타워 1층의 반려동물 카페&레스토랑 '씽킹 독'(Thinking Dog)에서 국내 최초로 반려동물과 함께 즐기는 '펫프터눈 티'(Pet+Afternoon Tea Set) 세트를 선보였다.

애프터눈 티를 사랑하는 반려동물과 한 테이블에 앉아 함께 즐기는 상품으로, 일반 디저트와 똑같은 모양으로 제작한 반려동물 전용 디저트를 제공한다. 국내산 쌀가루 시트에 강릉 초당두부 크림을 바른 고단백 소고기 캐롭롤 조각 케이크, 수제 락토프리 코티지 치즈로 만든 시금치 치즈 멍카롱, 바나나 브라우니, 해썹(HACCP) 인증 오리안심과 딸기 토핑의 베리베리 도넛, 항염효과가 있는 청치자와 저알러지 코코넛으로 만든 블루코코 도넛 등으로 구성했다. 이러한 서비스들은 반려동물을 기르는 사람들 사이에서 인기를 끌고 있다.[60]

---

60) "반려동물과 함께 호텔서 애프터눈 티를 즐겨요". 2021.3.25. 스포츠동아

한편, 한화호텔앤드리조트는 이미 2015년 9월 한화리조트 양평에 반려견 동반 객실을 마련해 운영 중이다. 이 리조트 관계자는 "앞으로 반려동물과 함께 여행을 즐기려는 이용객이 점점 늘어날 것으로 보고 있다"고 말했다.[61]

소노리조트, 한화호텔앤드리조트와 리조트 3강을 구축하고 있는 켄싱턴리조트도 최근 반려동물 콘텐츠로 재미를 보고 있다. 켄싱턴리조트는 충주에서 반려견 동물 투숙 서비스를 처음 선보였는데, 주말 기준 예약률이 80%를 유지하고 있다. 방역지침을 고려하면 사실상 만실행렬이다.

당초 충주 리조트가 다른 지점과 비교해 객실점유율(OCC)이 다소 낮은 곳이란 점에서 대성공이다. 충주시가 충주호에서 반려동물 동반 유람선 탑승이 가능한 콘텐츠를 내놓는 등 지자체와 호흡이 맞아 떨어지며 여행객들이 몰리고 있단 설명이다.

켄싱턴리조트 설악밸리 총지배인은 "넓은 야외 플레이그라운드에서 반려동물과 코로나19로 떠오른 여행트렌드인 프라이빗한 시간을 보낼 수 있다"며 "푸드트럭, 야외 바비큐장 등 부대서비스를 확장해 다양한 경험을 할 수 있는 기회를 제공할 것"이라고 말했다.[62]

---

61) 거리두기에 견공도 '답답'…반려동물 동반 숙소 인기. 2020.12.25. 연합뉴스
62) 소노·켄싱턴리조트 불황탈출 키워드…"여기로 모시'개'". 2021.4.6. 머니투데이

반려동물 미용산업도 발전하고 있다. 반려동물 미용업계 관계자는 동물병원이나 펫숍 등에서 반려동물 미용사의 수요는 많지만 실제로 공급되는 인원이 한정적이기 때문에 반려동물 미용사의 전망이 밝다고 설명했다.

반려동물산업의 성장에 따라 동물사육복지과로 대학을 진학하는 사람들도 점점 늘어나고 있는 추세이다. 따라서 이 분야를 전공할 경우 적성에 맞는 일자리를 찾는 것은 그리 어렵지 않다. 무엇보다도 동물을 좋아하고 새로운 동물 문화를 만들어가고자 하는 사회적 분위기가 확산하고 있다는 점에서 직업으로서의 위상도 높아지고 있다.

한편, 동물 사육 및 관리와 관련된 정부와 지방자치단체의 인력 수요는 꾸준히 늘고 있다. 또한 반려동물 양육 인구의 급증과 용품 시장의 규모도 2022년에는 6조 원에 이를 것이란 전망도 나왔다. 펫 사업이 성장하면서 먹거리부터 건강, 장례 등 다양한 사업군으로 확산하며 특히 유통업체의 매출 확장이 눈에 띈다. SSG닷컴에선 반려동물용 간식 및 영양제 매출이 2020년 대비 12.8% 증가했고 BGH리테일이 운영하는 편의점 CU의 반려동물용품 매출은 27.6%나 성장했다. 금융업계에서도 펫팸족을 겨냥한 다양한 상품과 서비스를 내놨다. 동물병원 진료비 할인, 보험 가입, 반려견 건강정보 제공 등 시장의 저변도 확대되고 있다.

동물사육복지과에서 취득할 수 있는 자격증으로는, △반려동물수의사 △특수동물수의사 △반려동물훈련사 △반려동물미용사 등이 있다. 현재 동물사육복지과는 대경대에 유일하게 설치돼 있으며 범주를 넓혀 보면 장안대에 바이오동물보호과, 신구대에 바이오동물전공, 가톨릭상지대와 동원대 등에 반려동물과, 대전과기대와 서정대에 애완동물과, 수성대와 혜전대에 애완동물관리과 등이 있다.[63]

---

63) [이런 학과 어때요? 동물사육복지과] "'펫팸족' 1500만 시대⋯ 전인적 멀티 동물 전문인 양성". 2021.6.1. UNN한국대학신문

그림 76 반려동물의 영정사진과 장례

　현행법상 반려동물의 사체는 폐기물 처리에서 의료폐기물 또는 생화학 폐기물로 지정해 쓰레기봉투에 분리수거하게끔 되어있다. 반대로 동물보호법은 정식 등록된 동물 장묘업장에서 화장을 하게 돼 있다.

　최근 발표된 통계에 따르면 반려동물을 아기 때부터 키워서 마지막까지 지켜주는 반려인구의 수가 8% 미만으로 나타났다. 하지만 업계 종사자는 30% 정도로 생각한다고 언급했다. 지금은 반려동물을 가족으로 생각하는 문화가 확산돼 뒷산에 묻는 분들도 많이 줄었고, 정식으로 장례를 치르는 분들이 많아졌다고 덧붙였다.

　현재 국내 반려동물 장례식장은 총 27곳인데 그 중 11곳이 수도권에 집중돼있다. 전국적으로 많이 활성화되지 못한 데다 국공립 반려동물 장례식장이 아직 없는 실정인데, 개인이 운영하는 사유시설이다 보니 격식을 갖춘 장례가 아닌 동물의 사후처리에 집중된 경향도 있다.64)

　반려동물 장례식은 반려동물이 사망했다면 업체에 직접 찾아가거나 픽업을 요청해 의전팀을 부른다. 장례 의복을 따로 입을 필요는 없으며, 조문객을 부르지 않아도 된다. 소요시간은 반려동물의 크기, 무게에 따라 다르지만 일반적으로 1~3시간 정도 걸린다. 염습이나 입관 등 예식을 거치며, 주인의 종교에 따라 예식 방법을 다르게 할 수 있다. 참관이 어려운 경우에는 꼭 하지 않아도 된다. 대신 동영상이나 사진을 첨부해서 보내준다. 무사히 장례가 끝나면 유골은 장례 증명서와 함께 택배로 배송해준다.65)

---

64) 반려동물 장례지도사 "동물사체, 폐기물로 지정 분리수거하라는데…".2018.11.24.아시아경제
65) GRAZIA 2015.07.10. 반려동물 장례식, 이젠 선택이 아닌 필수?

그림 77 반려동물 장례업체 펫포레스트(출처: 펫포레스트 홈페이지)

국내 대표적인 반려동물 장례업체 중 하나인 펫포레스트가 한국프레스센터에서 열린 2021 대한민국 글로벌파워브랜드 대상 시상식에서 브랜드 대상을 수상했으며, 국회 농림축산식품해양수산 위원장 표창을 수여 받았다는 소식을 전했다.

반려동물 장례식장 펫포레스트는 '단지 모습만 다를 뿐 가족입니다. 마지막 산책길을 함께 합니다'라는 슬로건으로 2017년부터 동물 장묘 시설을 운영하며 반려동물 장례 문화 선진화에 앞장서 해당 산업을 선도하고 있으며, 우리나라 반려동물 장례 문화를 새롭게 이끌어 가고 있다.

동물 전용 화장시설 및 루세떼 스톤(반려동물 추모보석) 제작 설비를 보유하고 있으며, 장례 절차시 담당 장례지도사가 1:1로 배정됨과 함께 개별적인 단독 추모실을 제공한다. 또한, 펫포레스트에서는 매년 펫로스 증후군 예방을 위한 펫로스 강연과 추모 음악회, 반려인과 함께 하는 반려동물 캠페인 등을 진행하고 있다.

또한 전국서비스를 도입하였으며 서울·경기, 부산·경남에서도 장례서비스를 이용 할 수 있다. 펫포레스트는 앞으로도 장례문화 선진화에 앞장서 올바른 장례서비스를 보다 전국적으로 확대해 반려동물을 위한 책임 장례 서비스를 제공할 예정이라고 덧붙였다.[66]

그림 78 반려동물 장례 업체 펫마루

　반려동물 장례업체 펫마루는 갑작스럽게 반려동물이 무지개다리를 건너 당황할 반려인들을 위해 24시 상담 전화를 운영하며, 상담 시 가까운 화장터로 안내 및 예약을 도와주고 있다. 각 화장터에 직접 방문하기 어려운 반려인들을 위해 펫마루 의전차량이 24시간 픽업 대기해 장례 전, 후 왕복 픽업 서비스를 제공하고 있으며, 반려동물과 이별을 위한 추모 예식을 진행하고 있다.

　추모 예식은 개별적인 공간에서 진행할 수 있으며, 염습, 수의, 입관 등의 절차를 선택할 수 있다. 염습 선택 시 알코올&거즈로 반려동물을 깨끗하게 한 후 한지로 속옷을 입혀주며, 수의 선택 시 반려동물 몸에 맞게 제단한 수의를 입혀준다.

　입관식 후에는 반려인 참관하에 개별적으로 약 30분간 화장을 진행하며, 유골을 수습해 분골 후 반려인에게 전달한다. 화장 후에는 고객이 자체적으로 유골함을 보관하거나 펫마루 납골당에 안치할 수 있으며, 산골 및 수목장을 선택할 수도 있다. 또한, 유골을 고온 압축해 진주 형태의 스톤이나 쥬얼리로 제작해, 영구적으로 보존할 수도 있다. 현재 펫마루는 서울(마포, 관악, 강남, 강북, 강서, 강동, 송파 등)과 인천, 경기(의정부, 시흥, 광주, 수원, 안양, 일산, 구리 등)에 지점을 운영하고 있다.[67]

---

66) 반려동물장례식장 문화서비스 전문 펫포레스트, 글로벌파워브랜드 대상 수상.2021.5.28.경상일보
67) 펫마루, 반려동물과의 갑작스러운 이별 도와줄 체계적인 반려동물 장례 서비스 제공. 2021.5.27.파이낸스 투데이

4. 반려동물 의료산업

68)반려동물 시장이 급성장하면서 반려동물용 헬스케어 시장을 둘러싼 경쟁이 뜨거워지고 있다. 스마트동물병원, 동물 전용 응급실 등이 잇달아 생겨나고 반려동물 전용 의료기기 제품도 속속 나오고 있다.

반려동물 의료시장 규모는 현재 약 1조 7400억원인 것으로 추정됐다. 2023년부터 동물진료비 부가세를 폐지할 경우 2027년까지 4726억원 세수가 감소할 것으로 예상됐다.

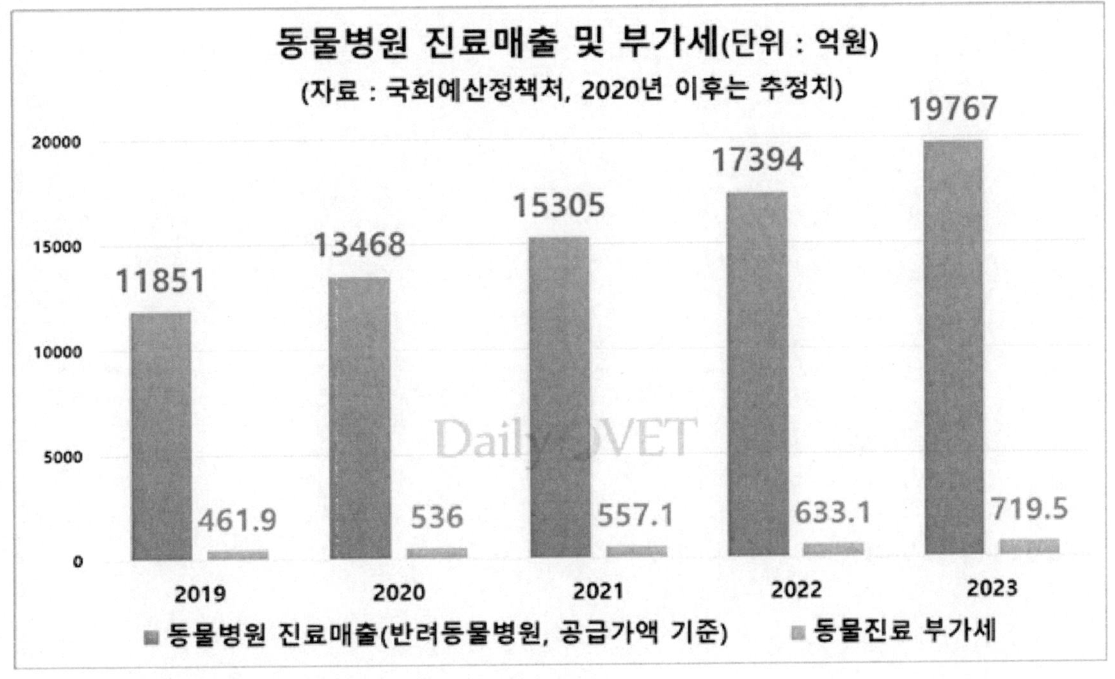

---

68) 한국경제 2017.05.24. 반려동물 의료시장 불 붙었다

2022년 2월 배준영 국민의힘 의원(인천 중구·강화·옹진)이 반려동물의 동물병원 진료비에 부가가치세를 면제하는 부가세법 개정안을 발의했다. 동물진료비 부가세 면제는 윤석열 대통령의 공약이기도 하다. 만약, 이 법안이 통과되면 정부의 세수는 얼마나 감소할까? 국회예산정책처의 비용추계서를 바탕으로 알아보자.

정책처는 우선, 통계청의 연도별 서비스업 조사를 바탕으로 동물의료 시장규모를 추려냈다. 부가세가 빠진 공급가액 기준이다. 수의업 공급가액은 2017년 1조 1557억원, 2018년 1조 2971억원, 2019년 1조 4453억원을 기록했다. 이중 반려동물 매출액 비율은 각각 79.4%(2017년), 75.1%(2018년), 82.0%(2019년)다. 즉, 우리나라 반려동물 병원의 전체 매출(공급가액)은 2017년 9176억원, 2018년 9741억원, 2019년 1조 1851억원이었다. 3년간 연평균 증가율은 약 13.6%다.

예산정책처는 향후 반려동물 진료 공급가액이 동일한 증가율(13.6%)로 늘어난다고 가정하고, 2027년까지 '반려동물 의료시장 규모(공급가액 수입)'를 추정했다. 그 결과, 반려동물 의료시장은 2022년 1조 7394억원으로 커지고, 2023년에는 약 2조원(1조 9767억원)에 육박할 것으로 예측됐다. 2027년에는 3조 3천억원으로 성장이 예상된다.

	2020	2021	2022	2023	2024	2025	2026	2027
반려동물 진료용역 공급가액	13,468	15,305	17,394	19,767	22,463	25,528	29,011	32,969

표 8 반려동물에 대한 진료용역의 공급가액 추정 : 2019 ~ 2025년 (단위:억 원)

산업(기업경영분석 기준)	2018	2019	2020	평균
기타 전문, 과학 및 기술 서비스업	35.2	34.3	39.8	36.4

표 9 반려동물에 대한 진료용역의 부가가치율: 2018~2020년 (단위: %)

	2023	2024	2025	2026	2027	누적	연평균
반려동물 진료용역에 대한 부가가치세 면제	-720	-818	-930	-1,057	-1,201	-4,726	-945

표 10 개정안에 따른 세수효과: 2023~2027년 (단위:억 원)

그렇다면, 동물진료비 부가세는 어떨까? 현행 부가세법은 수의사의 진료비에 원칙적으로 부가세를 부과하고 있다. 가축·수산동물·장애인 보조견·기초생활수급자의 동물에 대한 진료비에는 부가세를 부과하지 않지만, 반려동물에서는 질병 예방을 목적으로 하는 진료행위 일부를 제외하면 부가세가 적용된다.

국회예산정책처는 '반려동물에 대한 진료용역의 공급가액×부가가치율(36.4%)×세율 10%'로 동물진료비 부가세를 계산했다. 한국은행의 기업경영분석 자료 중 '기타 전문, 과학 및 기술 서비스업'의 2018~2020년 평균 부가가치율이 36.4%였기 때문이다.

이렇게 추정할 경우, 2023년 반려동물 진료비 부가세 면세액은 720억, 2025년 930억, 2027년 1201억원으로 계산된다. 정책처는 '반려동물 진료영역 부가세 면제법'이 올해 통과되어 2023년 1월부터 시행되는 것을 전제로 향후 5년간(2023~ 2027) 총 4726억원(연평균 945억원)의 재정수입 감소가 있을 것으로 전망했다.

하지만, 일선 동물병원이 실제 납부하는 부가세가 국회예산정책처 추정치보다 훨씬 많다는 지적이 나온다. 같은 진료행위라도 목적에 따라 면세, 과세가 달라지는 동물병원의 특성을 고려하지 않고, 간이과세자에 적용되는 부가가치율을 일괄 적용하는 것은 잘못됐다는 것이다. 실제 개원가에서는 정책처가 적용한 부가가치율(36.4%)보다 높은 50~70%의 과세비율을 적용받고 있는 것으로 알려졌다. 만약, 60%의 과세비율을 적용하면 올해 동물진료비 부가세 납부액은 연간 1천억원을 돌파한다.[69]

반려동물 헬스케어 시장의 수요는 급증하고 있지만 반려동물 헬스케어 시장이 대부분 해외제약사들에 의존하고 있는 것으로 알려졌다. 이에 일부 국내 제약사들이 반려동물 헬스케어 시장에 앞다퉈 도전하고 있는 분위기다.

[70]최근 글로벌 의료기기 및 제약회사들이 동물용 시장에 대한 마케팅을 공격적으로 확대하고 있고, 수의사들 역시 여러 경로를 통해 의료기기 및 제약에 대한 교육 기회가 확대됨에 따라 동물용 의료기기의 활용이 증가하고 있다.

국내 의료기기의 경우 식품의약품안전처와 농림축산식품부 양측으로부터 관리 감독을 받아왔다. 때문에 인체용으로 허가 받은 의료기기를 동물에게 사용한다고 다시 평가를 받는 것은 이중 규제라는 의견이 많아 최근 농림축산검역본부가 중복허가와 밀접한 관련이 있는 고시 내용을 수정하여 의료기기 산업에 긍정적인 영향을 미쳤다는 평가를 받았다.

---

69) 동물의료시장 규모는 1조 7400억…부가세 수입은 633억 / 데일리벳
70) 데일리벳 2015.10.23. [기고] 동물용 의료분야에서의 패러다임 전환 下 : 류정원

동물용 의료기기 시장은 국내 의료기기 업체들에겐 새로운 블루오션이다. 핵심기술은 동일하기 때문에 인체용 제품을 재가공해 동물용으로 변경할 수 있다. 또한 글로벌 기업의 아성을 넘기 어려운 인체용 시장과는 다르게 기술력이 있으면 시장 진입이 상대적으로 용이하고, 규제가 까다롭지 않아 매력적인 시장이다.

국내 제약사들은 수조억원 규모의 반려동물 헬스케어 시장에 제품을 내놓으며 입지를 다지기 시작했다. 제약업계에 따르면 유한양행과 GC녹십자랩셀, 동국제약과 같은 대형 제약사와 바이오기업들이 반려동물 헬스케어 사업을 진행 중이다.

대표적으로 유한양행은 반려견 인지기능장애증후군(CDS)치료제인 '제다큐어'를 론칭하면서 반려동물 의약품 시장에 출사표를 내던졌다. 이 제품은 지엔티파마가 개발한 반려견의 인지기능장애증후군을 치료하는 국내 최초 동물용의약품이다. 1970년대부터 동물용 의약품을 생산해오던 유한양행은 제다큐어를 시작으로 다양한 반려동물용 의약품, 먹거리 및 헬스케어 제품을 출시할 계획이라고 밝혔다.

종근당 계열사인 경보제약은 반려동물의 건강관리제품 전문 브랜드 '르뽀떼'를 론칭하고 세계 최초 반려견 대상 필름제형 구강관리 제품 '이바네착'을 출시했다. 경보제

약은 지난 2019년 아이바이오코리아와 동물용 신약 공동개발협약을 맺었다. 양사는 협력을 통해 안구건조증, 아토피, 신장질환 치료제 등을 개발할 계획이며 향후 관절염, 알레르기 등 염증성 질환까지 확장할 계획이다.[71]

대웅제약은 대한수의학회에서 반려동물을 대상으로 한 SGLT-2 억제제 '이나보글리플로진(DWP16001)'의 당뇨병 치료 효과에 대한 연구자 임상 결과를 공개하며 반려동물 의약품 시장 진출에 대한 의지를 내비쳤다. 이나보글리플로진은 대웅제약이 인체용 의약품으로도 개발 중인 경구용 제2형 당뇨병 치료제로, 오는 2023년 국내 발매를 목표로 하고 있다.

이에 서울대학교 수의과대학 윤화영 교수팀을 포함해 5개 기관은 인슐린으로 혈당이 충분히 조절되지 않는 반려견을 대상으로 이나보글리플로진의 혈당 조절 효과와 안전성을 확인한 것으로 알려졌다.[72]

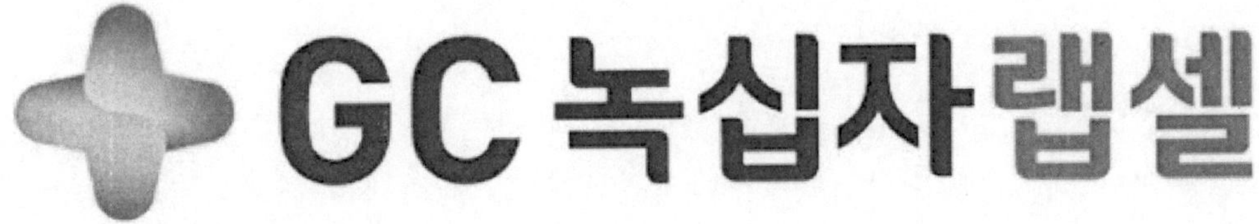

---

71) 치료제부터 진단분야까지…'반려동물 헬스케어' 시장을 잡아라. 2021.5.27.아시아타임즈
72) 반려동물 의약품 시장 뛰어드는 국내 제약사들. 2021.5.31. 청년의사

한편 GC녹십자랩셀은 동물 진단검사 전문 회사 '그린벳'(Green Vet)을 설립하고, 반려동물 헬스케어 사업에 본격 진출했다. 그린벳은 반려동물 분야의 토탈 헬스케어 실현을 목표로, 진단 검사를 비롯해 반려동물의 전 생애주기를 관리할 수 있는 예방, 치료, 건강관리 서비스를 제공할 계획이라고 밝혔다.

GC녹십자랩셀의 주력 핵심사업인 진단 및 바이오 물류 사업의 역량과 노하우가 사업 기반이 되는 만큼, 회사의 지속 가능한 성장을 이끌 안정적인 동력이 될 수 있다는 분석이다. 특히, 진단 검사 분야의 경우 2022년에는 시장 점유율 1위에 오를 것으로 예상된다는 게 회사 측의 설명이다.[73]

테라젠바이오는 반려동물 용품 기업 핏펫과 함께 개·고양이 대상 유전자 검사 서비스를 선보였다. 반려견은 백내장, 대사성 질환 등 24종, 고양이는 진행성 망막 위축증 같은 4종의 검사가 가능하다. 프로라젠 또한 핏펫과 업무협약을 맺고 인적자원과 연구기술을 공유, 알러지를 진단하는 새로운 진단 키트를 개발하기 위해 적극 협업하기로 했다.

마크로젠은 반려견 장내 미생물 빅데이터 구축 사업을 진행하고 있다. 반려견의 장내미생물을 분석해 질병 조기 진단과 반려견 맞춤형 헬스케어가 가능하도록 돕는다는 계획이다. 또한 2020년 11월부터 인공지능 분석을 통한 반려견 생애 종합 관리 기술 개발 사업에 착수했으며, 2021년에는 비만, 당뇨에 걸린 반려견을 대상으로 장내미생물 총 분석을 진행한다고 밝혔다. 2021년 하반기에는 그동안 축적한 반려견 장내미생

---

73) 제약바이오기업 新먹기리는, '반려동물 헬스케어'. 2021.5.17. 대한경제

물 빅데이터를 기반으로 마이크로바이옴 분석 서비스를 출시할 예정이다.[74]

　최근 동물용 의약품 시장에서 주목받고 있는 분야 중 하나는 줄기세포 치료다. 동물용 세포치료제는 살아있는 자가, 동종, 이종 세포를 체외에서 배양·증식하거나 선별하는 등 물리적, 화학적, 생물학적 방법으로 조작하여 제조하는 동물용 의약품을 의미한다. 반려동물의 장수를 희망하는 사람이 많아지면서, 상해나 질병, 노화로 인해 손상된 세포를 재생하는데 탁월한 효과가 있는 줄기세포를 활용한 질병 치료가 반려동물 의료에도 활발히 적용되고 있다.

줄기세포 치료는 관절염, 골유합 부전, 십자인대 손상, 슬개골 탈구, 신경계 질환, 면역 매개성 질환, 심부전, 신부전, 간부전, 췌장 질환, 피부 질환, 안과 질환 등 다양한 적용이 가능하다.

　반려동물 의료시장에서 줄기세포 치료제 부분 경쟁은 치열하다. 안전과 윤리 등에 관한 규제가 사람에 비해 낮고, 의약품 가격도 자유롭게 정할 수 있어 기업의 입장에서도 수익성이 높은 사업이기 때문이다. 이에 글로벌 시장 규모가 2022년 30억 달러에 이를 것으로 전망되고 있으며, 2019년 국내 관련 시장 규모는 약 1,414억 원으로, 정부는 2030년까지 3,297억 원 규모로 확대될 것으로 전망한다.

　우리나라에서도 반려동물 줄기세포 치료가 꾸준히 연구되고 있으며, 논문이나 임상에서 줄기세포 치료에 대한 효과가 나타나면서 관심이 증가하고 있다. 줄기세포가 자가면역질환과 노령성 질환 등 난치성 질환 치료의 대안이 되고 있어 수의학계는 물론 기업들에서도 관심을 보인다.

　우리나라에서 줄기세포 치료제가 동물용 의약품의 하나로 적용받기 시작한 건 2018년부터이다. 검역본부에서 발표한 '동물용 세포치료제 안전성 평가 가이드라인'에 따르면 인허가받은 업체에서만 동물용 줄기세포 치료제를 공급받아 사용할 수 있고, 인허가받은 줄기세포를 구입하거나 원내에 배양실을 설치해야만 줄기세포 치료가 가능하다. 관련 기업들의 연구도 활발하다.

　한양디지텍은 2020년 농림축산검역본부와 산업체 공동연구를 통해 개 지방조직에서 유래한 성체줄기세포를 연골세포로 분화하는 데 성공했다. 이 방법은 세계 최초로 전기자극만 이용해 세포분화에 성공한 것으로, 세포에 물리적인 자극만 가하는 것이기 때문에 유전자 방식 등 기존 방식보다 안전성이 높은 것으로 보고 있다.

　반려동물 생애주기별 맞춤 헬스케어 서비스 전문기업 셀피디(SELPD)는 지난해 11월

---

74) 반려동물 시장 커진다…제약업계 펫코노미 열풍. 2021.5.23. 유통경제

논휴먼 줄기세포 치료를 위한 연구개발 준비에 들어갔다. 셀피디는 18년 이상 줄기세포 치료제를 지속 개발해 온 수의학, 생명공학 등 각 분야의 전문 개발 인력으로 구성된 기업이다.

셀피디는 몸의 재생력과 면연력 강화를 연구해 온 서울바이오의원과의 협업해 논휴먼 영역에서 줄기세포 치료 개발 및 세포배양기술 활용을 통해 대체육, 배양육에서부터 마이크로바이옴 미생물까지 상품을 적용한다는 계획을 밝혔다. 또한, 반려동물 치료제 개발 노하우와 함께 빅데이터 구축 및 활용도 계획하고 있으며, 복합 메디컬센터 구축도 추진 중이다.

케이메디허브는 고양이 줄기세포에서 유래한 엑소좀을 이용해 개발한 염증 질환 치료 기술을 지난 5일 ㈜와튼바이오에 기술이전했다. 이번 개발은 케이메디허브 전임상센터 병리지원팀 서민수 팀장과 성수은 연구원이 경북대학교와의 공동연구를 통해 이뤄낸 성과이다.

연구진들은 고양이 줄기세포 유래 엑소좀이 염증 유발을 억제하고 개선시키는 효과가 있다는 점을 밝혀냈다. 특히 해당 물질을 이용해 반려동물 관련 다양한 치료제와 의료용품 개발 가능성이 있다는 점에서 주목받아 기술이전까지 이뤄졌다는 설명이다.

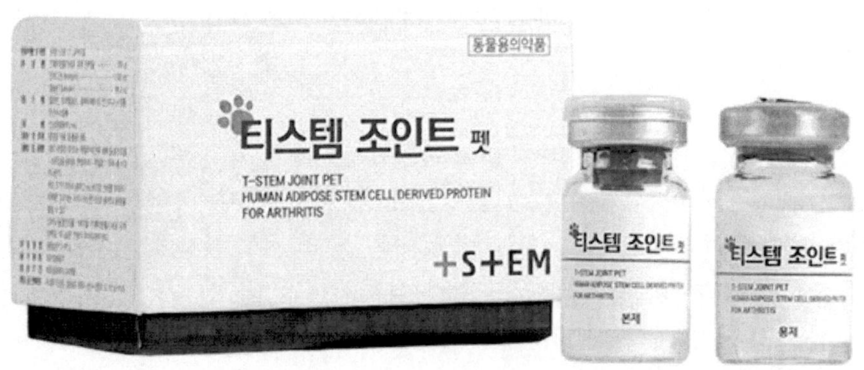

그림 87 3세대 줄기세포 기술의 산물인 무막줄기세포추출물 STEM-Ex가 적용된 관절 주사제 '티스템 조인트펫'(사진=티스템)

티스템은 3세대 줄기세포 기술의 산물인 무막줄기세포추출물 STEM-Ex™가 적용된 '티스템 조인트 펫'을 개발했다. 회사는 동물실험을 통해 골관절염 항염증 작용 및 통증 완화, 연골재생 효과를 입증해 주목받고 있다.

'티스템 조인트 펫'은 관절 주사제로 수의사만 사용할 수 있는 전문적인 동물용 의약품이다. 특히, 티스템에서 개발한 무막줄기세포추출물 STEM-Ex™는 부작용이 없고 스테로이드와 같은 강력함 항염증 효과를 발휘할 수 있다.

업계 관계자는 "기존에는 일부 부작용에도 불구하고 스테로이드와 같이 강력한 항염증 효과가 있는 제품을 대체하기 어려워 스테로이드 계열 제품을 사용해왔지만, 무막줄기세포추출물 STEM-Ex™의 출시로 나이가 어리거나 면역력이 약한 반려동물에게도 안전하게 사용할 수 있어서 큰 기대가 된다"고 전했다.[75]

---

75) 반려동물 의료시장에서도 '줄기세포' 주목, 우리나라 현황은? / 바이오타임즈

5. 반려동물 관련 기업 소개

Ⅴ. 반려동물산업 관련 기업 소개

1. 국내기업

1) 하림

하림은 국내 육계시장 및 사료시장 점유율 1위 업체로 사육 및 종란의 생산에서부터
부화, 사료생산, 사육, 가공(육가공) 등 최종 제품의 유통에 이르기까지 각 단계를 수
직적으로 통합경영하면서 육가공업계에서 국내 1위에 오른 기업이다.[76]
[77]

그림 89 충남 공주에 신설된 하림펫푸드 공장

하림은 반려동물 식품산업에서 70%가 넘는 점유율을 보유하는 외국산 사료들에 도
전해 2017년 6월 반려동물 사료 브랜드 '더 리얼'을 출시했다. 이를 위해 충남 공주
에 400억원을 투자해 공장을 세우고 사람이 먹어도 아무 문제가 없다는 '100% 휴먼
그레이드'를 내세웠다. 가공하지 않은 생고기를 사용하고 곡물을 뺀 '더 리얼 그레인
프리' 등 프리미엄 전략을 썼다. 외국 제품에 비해 가격 경쟁력도 있다. 기존 해외 프
리미엄 사료 가격의 3분의 1 수준이다. 하림 관계자는 원재료를 신선하고 안전하게
관리해 사람이 먹어도 전혀 문제 없는 수준의 제품으로 시장을 공략하겠다고 말했
다.[78] 2018년 11월에는 고양이 사료 시장에도 진출하여 인지도를 높여가고 있다. 하
림펫푸드 관계자는 외국산 펫푸드가 주도하고 있는 국내 펫푸드 시장에서 제조, 기술
력 및 품질력으로 국내산 사료에 대한 인식전환 및 시장 흐름을 바꾸고 있고 앞으로
도 더 많은 노력을 기울일 것이라고 전했다.[79]

---

76) 네이버 지식백과
77) 하림펫푸드
78) 한국경제 2018.01.15. 하림, 펫푸드 공장에 400억 투자…"사람이 먹어도 될 수준"

그림 90 연어, 소고기, 닭고기로 만들어진 하림의 '더 리얼 그레인 프리' 제품

한편 하림그룹의 반려동물 식품업체 하림펫푸드가 출범 4년만에 한해 매출 약 198억원을 달성해 업계의 주목을 받고 있다. 2020년도 하림펫푸드의 매출은 197억 7490만원을 기록했다고 알려졌다. 이는 전년 대비 91.4% 증가한 실적이라고 업체 측은 전했다.

이를 두고 업계에서는 그동안 수입 사료가 대다수를 차지해온 국내 시장에 하림펫푸드가 제품력과 마케팅으로 승부수를 던져면서 성공적으로 안착했다는 평가를 하고 있다. 제일사료가 지분 100%를 보유하고 있는 하림펫푸드는 출범 직후부터 공격적인 투자와 마케팅을 진행해 왔는데, 설 명절 떡국 메뉴를 비롯해 핼러윈데이, 크리스마스, 밸런타인데이, 화이트데이 등을 겨냥해 패키지 상품을 출시하면서 소비자들의 마음을 사로잡기도 했다.

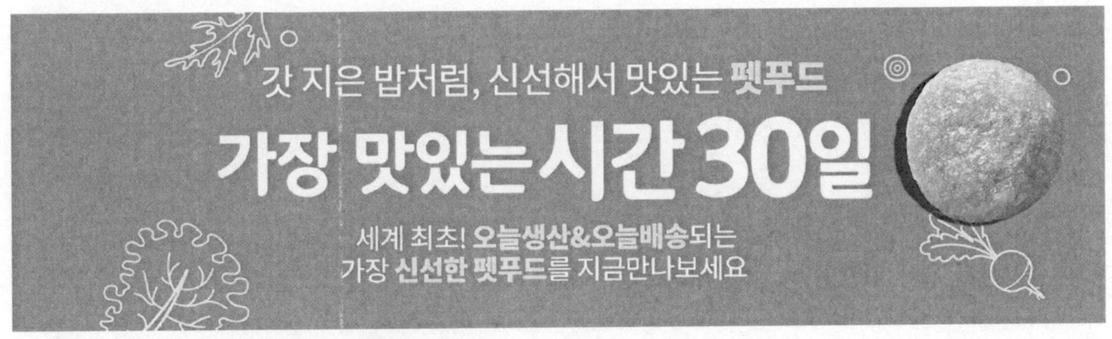

그림 91 출처: 하림펫푸드 홈페이지

특히 국내 펫푸드 최초로 '오늘생산 오늘배송' 시스템을 도입한 '가장 맛있는 시간 30일'을 출시한 데 이어 정기배송 서비스까지 시작한 점은 국내 펫푸드 시장의 변화를 선도했다고 평가 받고 있다.[81]

---

79) NEWS1뉴스, 2019.04.03. - 하림펫푸드 전년 매출 10배↑ "공장가동률 더 높이겠다"
80) 하림펫푸드 홈페이지
81) 하림펫푸드, 출범 4년만에 한해 매출 198억원…국산사료 신뢰도 ↑. 2021.4.8. new1

하림펫푸드가 강아지와 고양이 사료·간식 제품 '가장맛있는시간30일'의 정기배송 서비스를 시작한다고 밝혔다. 이 서비스는 정기배송 요일을 선택하면 2주에 한번 당일 생산된 사료를 당일 발송해주는 서비스다.

하림펫푸드에 따르면 '가장맛있는시간30일'은 미리 생산일자를 확인해 제품을 주문하던 번거로움을 없앴으며, 2주에 한번 원하는 요일에 원하는 제품을 손쉽게 받아볼 수 있게 한 정기배송 서비스다.

정기배송은 1회차부터 4회차까지는 3% 할인을, 5회차에는 7% 할인과 6500원 상당의 간식 세트를 제공한다. 9회차까지 7% 할인을, 10회차에는 10% 할인과 2만2000원 상당의 간식 박스도 준다.

현재 운영 중인 가장맛있는시간30일 골드멤버 혜택도 동일하게 적용된다. 가장맛있는시간30일 5개 이상 구입 후 골드멤버로 등업된 골드멤버 회원들은 무료배송으로 정기배송 서비스를 이용할 수 있다.[82]

---

82) 하림펫푸드 '가장맛있는시간30일' 사료 정기배송 서비스 시작. 2021.2.24. new1

2) 로얄캐닌코리아

  글로벌 시장 조사 회사 '유로모니터'에 따르면, 2020년 기준 국내 펫푸드 시장 규모
(소비자가 기준, 개&고양이)는 약 1조 2650억원에 이른다. 건사료, 습식사료, 간식까
지 포함된 규모다. 그 중 반려견 사료 시장 규모는 약 7923억원(건사료 5604억원, 습
식사료 641억원, 간식 1677억원), 반려묘 사료 시장 규모는 약 4728억원(건사료
3210억원, 습식사료 568억원, 간식 949억원)으로 추정됐다.[83]

표 11 국내 펫푸드 시장 회사 순위 (2020년 기준 자료: 유로모니터)

	개+고양이	개	고양이
1	우리와	우리와	**로얄캐닌**
2	로얄캐닌	로얄캐닌	우리와
3	한국마즈	네츄럴코어	한국마즈
4	대주산업	한국마즈	대주산업
5	네츄럴코어	카길애그리퓨리나	이나바펫푸드(챠오츄르)
6	롯데네슬레퓨리나	이글벳	롯데네슬레퓨리나
7	카길애그리퓨리나	CHD메딕스(프루너스)	내추럴발란스
8	내추럴발란스	롯데네슬레퓨리나	쿠팡
9	이글벳	펫더맨	네츄럴코어
10	이나바펫푸드(챠오츄르)	대주산업	하림펫푸드

  로얄캐닌코리아에 따르면 회사는 2022년 3073억원 매출을 기록하며 사상 처음으로
3000억원 고지에 올라섰다. 2021년 2093억원으로 2000억원을 돌파한 데 이어 한 해
만에 다시 앞숫자를 갈아치웠다. 성장률은 46.8%에 달한다. 로얄캐닌의 2020년과
2021년 매출 성장률은 각각 35.9%, 33.4%. 덩치가 커지면서 둔화되기 마련인 매출

---

83) 국내 반려동물 사료 시장 점유율 1위 바뀌다…우리와 1위·로얄캐닌 2위. 2020.5.29. 데일리벳

성장률마저 역주행하는 모습을 보였다. 수익성도 성장세에 맞게 개선됐다. 영업이익은 400억원으로 전년보다 26.2% 늘고, 순이익은 47.6% 늘어난 332억원에 달했다. 둘 다 사상 최대 실적이다.

 국산 펫푸드 1위 회사인 대한제분그룹 계열 우리와가 3년째 1000억원의 늪에서 헤어나오지 못하고 있고 오히려 수익성까지 둔화된 것과는 정반대의 모습이다. 수출이 큰 역할을 했을 것이란 관측이다. 로얄캐닌코리아는 국내 사업 뿐만 아니라 해외수출로 입지를 굳히면서 국내 반려동물 사료 시장에서 단일 브랜드 1위를 차지하며 독주 체제에 나섰다. 업계에서는 로얄캐닌(Royalcanin)코리아의 김제공장에서 생산된 사료로 다국적 기업이 국내에 들어와 K-펫푸드의 위상을 높이는데 기여했다고 평가하고 있다. 로얄캐닌은 2018년 9월, 960억원을 투자해 전라북도 김제에 총 10만㎡(약 3만평) 규모의 아시아 태평양 생산 기지인 김제공장을 설립했다. 로얄캐닌 김제공장은 설립 이래 꾸준한 수출 증가율을 기록하고 있다. 2019년 7월 1일부터 2020년 6월 30일까지 수출액 3700만불(약 406억원)을 달성해 3000만불 수출의 탑을 수상하는 영예를 안았다.

 특히 해마다 수출량이 눈에 띄게 증가하고 있다. 2020년 3000만불 수출의탑, 2021년 5000만불 수출의탑을 수상했고, 지난해 12월엔 1억불 수출의탑 수상의 영예를 안았다. 한 해 1000억원 넘는 매출이 수출에서 발생하게 된 셈이다. 로얄캐닌의 수출 호조 덕분에 반려동물사료의 해외 수출이 눈에 띄게 증가하고 있다. 혹자는 이를 두고 K-펫푸드가 해외 시장에서도 경쟁력을 갖춰 가고 있다고 평가하기도 한다. 로얄캐닌코리아는 로얄캐닌의 중국을 뺀 아시아태평양 생산기지로서 일본과 호주, 베트남 등 아시아 태평양 지역에 강아지와 고양이 등 반려동물 사료 제품을 수출하고 있다.

3) 우리와

우리와
우리와

   국내 펫푸드 시장에서 로얄캐닌코리아와 1,2위를 다투고 있는 주식회사 우리와는 2018년 10월 펫푸드 제조회사와 펫서비스&유통 회사의 통합법인으로 출범하여 펫푸드와 펫케어 용품은 물론 동물병원과 다양한 펫서비스, 온라인 몰까지 펫라이프에 대한 모든 솔루션을 제공하고 있다.

   우리와(주)에서 최근 설립한 최첨단 펫푸드 생산시설 '우리와 펫푸드 키친'은 국내 최대 규모의 최첨단 펫푸드 생산 시설로서, 대규모 연구 개발시설인 Pet Nutrition Innovation Center를 갖추고 있으며 원재료 가공, 생산, 포장까지 전 공정을 직접 관리하는 '인하우스 시스템(In-House System)'을 도입한 국내 최대의 펫푸드 전문 생산 공장이다.

   2021 대한민국 브랜드 대상으로 선정된 '웰츠' 브랜드의 펫푸드 제품들 또한 충북 음성군의 '우리와 펫푸드 키친'에서 생산되었다. 우리와는 국내를 넘어 미국, 호주, 동남아 등 OEM 공장을 두고 있으며 이와 같은 글로벌 네트워크와 해외 파트너사를 통해 동남아를 중심으로 국내 펫브랜드의 우수성을 세계 시장에 알리고 있다고 전했다.[84]

---

84) 반려동물과 사람이 "우리"가 되는 세상을 만드는 "우리와".2021.4.20.한국경제

그림 94 우리와 프리미엄 펫푸드 브랜드 '웰츠'

우리와의 프리미엄 펫푸드 웰츠가 소비자들이 직접 선정하는 2021 대한민국 대표 브랜드 대상 펫푸드 부문에서 국내외 유수한 브랜드들과 경쟁하여 대표 브랜드로 2년 연속 선정됐다.

반려동물 전문기업 우리와 주식회사(대표 김기민)의 프리미엄 펫푸드 웰츠는 육류 80%와 슈퍼푸드 등 수의사와 동물영양학 박사의 영양 설계로 엄선된 원료만으로 완성했다. 전체 원료의 80%가 생육을 포함한 육류로 구성되어 반려동물이 섭취하는 단백질의 품질까지 고려했다. 육류 원료는 모든 필수아미노산을 고르게 가지고 있는 완전한 단백질 공급원으로 잘 알려졌다. 육류함량이 높은 웰츠는 반려견과 반려묘가 좋아하는 천연의 맛과 향으로 인한 기호성이 높으며 충분한 양의 DHA, EPA를 공급해 주어 피모와 눈 건강에 도움을 줄 수 있으며 좋은 원료로 완성하여 소화흡수율을 높였다.

웰츠 담당자는 "소비자가 직접 선정하는 대표브랜드에 2년 연속 선정됐다는 점에서 이번 수상에 의미가 깊다"며 "믿어 주신 소비자의 신뢰에 보답할 수 있는 브랜드가 되겠다"는 포부를 밝혔다.[85]

<hr>

85) 소비자들이 인정한 프리미엄 펫푸드, 웰츠. 2021.4.20. 한국경제

우리와는 전년 1076억원 매출에 50억4200만원의 순손실을 기록했다. 적자 규모는 줄였으나 매출은 제자리걸음이었다. 국산 반려동물 사료 1위업체 우리와가 3년째 정체 상태에 빠진 모습이다. 우리와의 매출 정체는 지난해로 3년째에 접어들고 있다. 2020년 처음으로 1000억원을 넘어서며 1048억원 매출에 20억3700만원의 흑자를 냈다.

마즈(Mars) 패밀리인 로얄캐닌코리아가 국내 반려동물 사료 시장을 주도하는 가운데 우리와는 대항마로서 주목받아왔다. 우리와는 지난 2019년 ANF와 헤일로 등을 전개하던 옛 대산앤컴퍼니의 반려동물사업부문을 흡수하면서 덩치를 키웠고 그해 930억원의 매출에 42억6600만원의 흑자까지 냈다. 2019년 로얄캐닌코리아는 1154억원의 매출을 기록했으니 당장 한국 1위 업체는 아니어도 추후 1위를 다퉈볼 만했다.

하지만 이듬해 차이는 순식간에 벌어졌다. 로얄캐닌코리아가 2020년 1568억원의 기록한 것. 로얄캐닌코리아는 아시아태평양 생산기지로서 국내 매출 외에 동남아시아와 호주, 일본 지역으로 수출을 시작하면서 우리와를 저만치 따돌려 버렸다.

로얄캐닌코리아는 2021년 2092억원 매출을 기록하면서 업계 최초로 2000억원을 넘어섰고, 지난해 수출 호조를 감안할 때 외형은 더 커졌을 것으로 추정된다. 우리와의 매출 정체는 국내 반려동물 사료 시장의 경쟁 강도를 단적으로 나타내주는 사례로 평가된다.

4) 울지마마이펫

울지마마이펫은 반려동물 전문 스킨케어 제품을 선보였으며, 최근 카테고리를 확장해 펫푸드 전문계열사인 배고파마이펫을 설립, 펫푸드 시장까지 진출하며 반려동물 토탈케어를 위해 노력하고 있다.

주요 제품으로는 병풀 추출물을 함유해 외부 자극으로 예민해진 반려동물의 피부 진정과 보습에 도움을 주는 '프리미엄 멀티밤 2종', 당근추출물 1만ppm을 함유해 치아를 보호하고 청결한 구강관리를 도와주는 '치카치약 당근당근버전', 코코넛오일을 함유해 컨디셔너 없이도 윤기 있고 매끄러운 피모로 가꿔주는 '찰랑이샴푸' 등이 있다.

특히, 제품 수령 3개월 내 고객 불만족 시 제품을 100% 환불 또는 교환해주는 '울펫리콜제도' 시행을 통해 고객서비스를 제공하고 있으며 꾸준히 동물 관련 단체나 유기견을 위한 바자회 등에 후원하고 있다.[86]

---

86) '2020 대한민국 반려동물 산업대상'…12개 기업 선정. 2020.12.30. 올치올치

5) 펫프렌즈

반려동물 카테고리가 이커머스 시장에서 가장 핫한 카테고리가 된 상황에서, 전문몰 펫프렌즈에는 현재 월 평균 100건 정도로 입점 문의가 '폭증'하고 있다. 펫프렌즈가 반려동물 제품 브랜드들의 핫플레이스가 되고 있는 것이다.

펫프렌즈는 최근 NHN DATA가 발표한 '2021년 상반기 앱 트렌드 리포트' 내 반려동물 관련 앱에서 1위를 차지하는 등 빠른 성장세를 기록하고 있다. 펫프렌즈는 미국 반려동물 이커머스 1위 '츄이(Chewy)'의 감성 서비스를 벤치마킹한 '국내 최초 감성 마케팅'라는 새로운 시도를 통해 다양한 반려인의 마음을 사로잡았다.

국내 기업에서 유일무이한 '손편지' 서비스를 진행함으로써, 업계 내 펫프렌즈만의 경쟁력을 강화했다. 배송 라이더는 고객을 대상으로, 구매에 대한 감사의 내용과 고객의 구매 내역을 토대로 상품을 추천해주는 등의 내용을 담은 맞춤 손편지를 작성해 전했다. 이는 곧 펫프렌즈에 대한 고객들의 충성도를 꾸준히 높였으며 고객과의 깊은 공감대 형성에 기여했다.[87]

이에 따라 반려동물 쇼핑몰 펫프렌즈는 83%에 달하는 높은 재구매율 성적을 거두며, 분기별 평균 35% 이상 성장을 이어가고 있다. 펫프렌즈는 빠른 배송과 24시간 고객 센터 운영을 통해 반려동물 보호자들의 애정하는 플랫폼이 되어감과 동시에, 반려동물 브랜드들 사이에서도 독보적인 이커머스 플랫폼으로 자리매김하고 있다.

이미 약 1,000개에 가까운 파트너사들과 1만2천개 이상의 상품을 운영하고 있는 펫프렌즈는 상품 경쟁력 강화를 위해 파트너십에 집중하고 있다. 해외 유명 브랜드들이

---

87) 한국판 츄이(Chewy) '펫프렌즈', 독보적인 감성 서비스로 반려인들의 마음 사로잡아.2021.6.2.한국경제

단독 유통권을 제공하기도 하고, 새로이 진입하는 셀러들과 브랜드 육성을 위한 다양한 프로모션을 진행하는 등 펫프렌즈 대한 파트너사들의 선호도가 높아지고 있다. 주요 부서의 S급 인재 영입을 마무리하고 향후 도약의 발판을 마련한 펫프렌즈에 있어 파트너사들과의 돈독한 제휴 관계는 추가 성장의 촉매제 역할을 할 것으로 기대된다.[88]

2021년 7월 IMM PE와 GS리테일로부터 투자 받은 이후 1년 6개월 여만에 펫커머스 업계 최초로 거래액 1천억 원대를 돌파했다. 펫프렌즈는 2022년 연간 거래액이 2021년 대비 40.8%증가한 1,032억원, 매출액은 864억원으로 재작년 대비 41.7% 증가했다고 밝혔다.

흑자전환의 선행 지표라 할 수 있는 공헌이익 또한 재작년 대비 483.2% 증가했다. 공헌이익은 매출액에서 변동비를 차감한 개념으로 고정비를 회수하고 이익을 획득하는데 공헌한 금액을 말한다.

펫프렌즈의 공헌이익 흑자는 마케팅 고도화 등 인프라 투자가 어느 정도 마무리되면서 흑자전환이 가능한 구조가 완성됐다는 의미로 볼 수 있다. 가파른 성장률을 보인 펫프렌즈는 다양한 지표를 통해서도 확인됐다. 지난해 누적 가입자수 100만명 돌파, 앱 누적 다운로드 수 약 190만건을 기록했으며, 월간 사용자수(MAU)는 올해 1월 기준 평균 31만명을 기록, 2위 업체와 두 배 이상 격차를 보이며 업계 1위 자리를 확고히 했다.

신규 고객 수 증가와 높은 재 구매율 수치를 보면, 신규 가입 고객은 매년 꾸준히 증가해 설립 초기인 16년 대비 지난해에 771% 이상 증가했으며, 재구매율은 지난해 기준 87.8%로 동종업계 이커머스의 2~3배 수준을 유지했다. 펫프렌즈는 신규 고객 확보와 재구매율 증가라는 두 마리 토끼를 잡기 위해 지난 한 해 동안 LTV(고객생애가치)를 기반 마케팅 고도화 작업을 단행했으며, LTV란 한 명의 고객이 앱에 들어와서 이탈하기까지 전체 기간에 걸쳐 발생시키는 이익을 수치화했다.

국내 92만 반려동물 정보와 8억건의 고객행동 데이터, 37만건의 상품 속성 데이터, 1,700만건의 구매 데이터 등은 펫프렌즈의 마케팅 퍼포먼스 고도화에 핵심적인 역할을 했다.

펫프렌즈는 단순 인기제품 위주로 상품을 추천하는 타 펫커머스와 달리 양질의 데이터를 통해 고도로 개인화된 상품 큐레이션과 마케팅으로 수익성을 빠르게 개선하고 있다.

---

88) 펫프렌즈가 반려동물 유명 브랜드의 핫플레이스가 된 이유는?.2021.3.19.파이낸셜뉴스

펫프렌즈는 방대한 데이터를 기반으로 단순 이커머스에 머물지 않고 반려동물 헬스케어와 라이프 시장을 아우르는 종합 펫 플랫폼으로 변신하며 제2의 도약에 박차를 가하고 있다.

 작년 야놀자와 협업해 펫 여행 서비스를 선보인데 이어 지난 1월에는 유기동물 입양 서비스를 론칭했다. 올해는 헬스케어 시장에 본격 진출해 '수의사 건강 상담', '보험 상품 판매', '건강 관리 교육' 등의 서비스를 정식으로 선보일 예정이다.[89]

---

89) 업계 최초 거래액 1,000억 대 돌파 '펫프렌즈', 매출 전년비 41.7%↑ / 머니투데이

b) 핏펫

　2017년도에 설립된 반려동물 헬스케어 솔루션 기업 핏펫은 반려동물의 질병을 소변 검사 키트로 확인하는 어헤드, 건강기능식품을 판매하는 핏펫몰, 동물병원 찾기 서비스 제공 등 다양한 헬스케어 솔루션과 데이터를 제공하고 있다. 이후 펫커머스 플랫폼 등으로 사업 모델을 확장해나갔다. 동물병원 예약 등으로 서비스를 확장하며 모험자본업계의 주목을 받았다.

　핏펫은 설립 이후 빠르게 성장했다. 사업 개시 1년만에 스프링캠프, 디캠프 투자를 받았다. 이후 같은해 9월 미래에셋캐피탈, GS리테일 투자를 받으며 초기부터 주목 받았다. 이후 LB인베스트먼트, 미래에셋캐피탈, 삼성벤처투자, 스프링캠프의 투자를 받으며 시리즈A 라운드 펀딩으로 53억원을 모집했다.

　핏펫은 이후 시리즈B 라운드를 통해 프리미어파트너스, LSK인베스트먼트, 미래에셋캐피탈, 삼성벤처투자, LB인베스트먼트, PNP인베스트먼트, 미래에셋벤처투자 등에게서 230억원을 조달했다. 2022년 5월에는 글로벌 투자사인 BRV캐피탈매니지먼트를 통해 200억원을 추가 조달하기도 했다. BRV캐피탈은 글로벌 VC 블루런벤처스의 아시아 투자 회사다.

　핏펫은 현재 후속 투자 라운드 유치를 위해 준비 중이다. 이를 위해 수익성 개선을 위한 신사업 분야에 집중하고 있는 상황이다. 현재 수의병원 납품을 목표로 다양한 진단검사키트를 개발 중이다. 8종의 질병을 검사할 수 있는 키트를 개발해 상용화가 임박했다. 수의병원 대상으로 납품을 통해 매출 확대를 꾀할 계획이다. 핏펫 관계자는 "올해 상반기 중으로 8종 질병을 검사할 수 있는 검사키트를 개발 중이다"며 "동물병원과 연계해 확장할 수 있는 여러 사업을 구상하고 있다"고 말했다.

  핏펫은 신사업 추진과 함께 기존 사업 중 성과가 부진한 분야를 정리하는 등 수익 개선도 꾀하고 있다. 스타트업의 성장 과정에서 실험적 도전이 불가피한 만큼 기존 분야에서 성과가 저조하다고 판단되는 영역을 축소하고 선택과 집중을 하고 있다.[90]

  핏펫은 최근 펫 전문 바이오 연구소를 설립하여 스마트폰과 IT영상처리 기술을 융합하는 역할을 하고 있으며, 치주염 같은 구강질환이나 알레르기 등 질병 유무도 간편하게 파악할 수 있는 바이오 키트를 개발하고 있다고 밝혔다. 또한 2023년 설립을 목표로하여 국내 첫 펫 전문 보험사를 준비하고 있다는 계획도 전했다. 핏펫은 반려동물용품 정기배송 서비스 '핏펫박스'를 통해 펫 보험 상품을 판매하고 있다.[91]

  핏펫은 꾸준히 매출액을 늘리며 수익성 개선에 집중하고 있다. 투자 환경이 어려워진 만큼 신규 투자 유치를 위해 '숫자' 만들기에 나서는 상황이다.

  핏펫은 지난해 매출액을 2배 이상 늘리며 성장했다. 연결기준 매출액은 400억원 이상으로 알려졌다. 아직까지 흑자 전환에 성공하지는 못했으나 꾸준히 매출을 늘리며 수익성 지표 개선에 나서고 있는 상황이다.

  한편, 펫 헬스케어 솔루션 기업 핏펫이 프로라젠과 전략적업무협약(MOU)을 체결하고, 어헤드 진단키트 라인업 확대에 나선다는 소식을 전했다.

  프로라젠은 알레르기 진단 및 면역치료에 사용되는 원료물질인 알러젠(알레르기 항원) 추출 기술을 보유하고 있는 K-바이오 대표 기업으로 지난 2019년 식품의약품안전처로부터 국내 최초로 알러젠의 원료의약품 품목 허가를 받아 큰 주목을 받은 바 있다.

  이번 프로라젠과의 MOU 체결은 구체적인 제품 상용화를 추진하기 위해 마련됐다. 핏펫은 새로운 어헤드 진단 키트 개발을 위해 지난 2020년 6월 반려동물 알레르기 진단 시스템과 분석 알고리즘 기술에 관한 특허를 출원했다. 또한 MOU 체결을 통해 핏펫과 프로라젠은 상호 인적자원과 연구기술을 공유하게 됐으며, 알레르기를 진단하는 새로운 진단 키트를 개발하기 위해 적극적으로 협업해 나갈 계획이라고 밝혔다.[92]

---

90) 핏펫, 투자 유치 '몸집 키우기' 신사업 속도 / 더벨
91) 고정욱 핏펫 대표 "반려동물 망라한 메가 헬스케어 플랫폼 목표" 2021.5.12.ETNEWS
92) 핏펫·프로라젠 MOU 체결…'어헤드 진단키트' 라인업 확대.2021.4.8.이데일리

7) 펫닥

 펫닥은 수의사가 만든 반려동물 통합 케어 플랫폼으로, 수의료서비스 산업의 전반적인 질적 향상을 위한 여론 수렴, 그리고 양질의 제품과 서비스를 만들기위한 수의학적 자문을 위한 것으로 보여진다는 점에서, 최근 수의사를 앞세워 마케팅을 하는 반려동물 기업들과는 차이가 있다.

 펫닥은 2016년 4월 한국동물병원협회와의 업무협약을 맺은 후 2017년 7월에는 업계 최초로 서울시수의사회와 업무 협약을 맺었다. 이후 경기도수의사회, 충청북도수의사회, 강원대학교임상수의사회(KUVMA), 경상남도수의사회에 이어 대전광역시수의사회까지 업무 협약을 맺으며 현재 2477명의 수의사와 뜻을 함께하고 있다.

 또한 지난 2020년 5월 20일에 강원대학교임상수의사회, 대전광역시수의사회와 수의사 권익 신장 및 반려동물 복지증진을 위한 업무 협약(MOU)을 연이어 체결했다고 밝혔다.

 이와 더불어 자체 수의 R&D센터를 마련, 수의사 네트워크를 통해 수집된 수의사들의 의견을 반영한 다양한 제품을 생산하고 있다. 펫닥 앱을 통해서는 무료 수의사 상담, 동물 병원 예약 결제 등 온라인에서 수의사와 반려동물 보호자 직접 연계 서비스를 제공하는 한편 전국 동물 병원 네트워크를 통해 디지털 사이니지 인프라를 구축하여 반려동물 관련 각종 캠페인, 교육, 예능, 광고 콘텐츠를 송출 중이다. 펫닥의 디지털 사이니지는 전국 1200여 동물 병원에 설치되어 있으며 연내 2,000여 곳으로 확대 운영될 예정이다. 펫닥은 수의사와 함께하는 건강한 반려문화와 반려동물 산업 분야에서의 안전 기준을 마련하는 것을 목표로 사업을 전개하고 있다고 밝혔다.[93]

---

93) 펫닥, 업계 최초·최대·최고 수준 수의사 네트워크 갖춰. 2020.6.4. 파이낸셜뉴스

매출면에서 살펴보면 2020년 12억원의 매출을 기록했다. 2019년 28억원이던 순손실 규모가 46억원으로 늘어났다. 펫닥은 원군의 확보가 눈에 띈다. 코스닥 상장을 진행하고 있는 유산균 전문기업 에이치피오는 지난해 7월 펫닥 지분 3.6%를 15억원에 인수하고 경영에 참여했다. 증권신고서에 따르면 에이치피오는 펫닥이 갖고 있는 플랫폼에 사료와 영양제, 의약품 등 반려동물 식품을 독점 공급할 계획으로 펫닥을 반려동물 산업 진출 통로로 활용한다는 방침이다.

 업계 한 관계자는 "서서히 자리를 잡아가는 반려동물 업계에서 주도 기업이 되기 위한 싸움이 치열하다"며 "규모의 경제 확보 차원에서 쇼핑을 기반으로 성장에 집중하는 모습이 역력하다"고 말했다. 94)

---

94) 펫프렌즈·핏펫·펫닥, 반려동물 '아기 유니콘 3인방' 얼마나 컸나 / 노트펫

2. 해외기업

1) 마즈(Mars Petcare)

마즈는 M&M's, 트윅스, 스니커즈 등으로 우리에게 잘 알려진 제과회사로 세계적인 제과업체이다. 마즈는 M&A를 통해 반려동물산업에 성공적으로 진출하여 현재 반려동물관련 산업에서 세계 2위의 점유율을 가지고 있다.[95]

[96]

그림 99 마즈의 여러 제품 브랜드들

2014년 마즈는 세계 최대 생활용품업체인 미국의 P&G(프록터앤드겜블)의 '아이암스(Iams)'를 비롯한 반려동물 사료 브랜드 3개를 사들였고 이를 통해 세계적인 반려동물 사료기업이 되었다.[97]

마즈는 2016년에 반려동물 피트니스 웨어러블 스타트업 '휘슬(Whistle)'을 약 1억 1700만 달러에 인수했다. '휘슬'은 반려동물 소재와 건강상태를 알려주는 웨어러블 기기를 만드는 회사이다.[98]

또한 2017년에는 동물 의료서비스업체인 VCA를 부채 포함 91억 달러(약10조9200억 원)에 인수하면서 소유하고 있는 북미 지역의 동물병원의 수가 800개에서 1900개로 늘어나게 되었다.[99]

---

95) 위키백과
96) 팸타임즈 2017.06.26. 사탕 제조업체 마스, 펫케어 사업 운영 시작
97) 머니투데이 2014.04.10. P&G, 애완동물 사료 브랜드 마스에 매각
98) 팻타임즈 2017.02.02. 미국 반려동물용품시장 72조 전망...펫테크 기업 투자 급증
99) 이데일리 2017.01.10. 美 마스, 동물의료서비스업체 11조에 인수

이러한 마즈의 M&A는 반려동물 시장이 계속 성장할 것이고 반려동물 양육가구들이 반려동물에 대한 관심과 소비가 점점 커질 것이라는 확신이 있기에 가능한 일들이다. 현재 마즈의 반려동물관련 산업 자회사는 14개이다.

특히, 반려동물 선진국들의 경우 기존의 반려동물산업에서 큰 비중을 차지하고 있던 전통적인 분야들(사료, 용품 등)보다 새로운 분야들(의료, 서비스, IoT산업과 연계)이 급속도로 발전하고 있어 마스의 반려동물 산업에서의 상승세는 계속 될 것으로 보인다. 마즈는 최근 중국 톈진에 반려동물 사료공장을 세울 계획이라고 밝혔다. 이는 중국의 반려동물 붐을 겨냥한 것이다. 업계 전문가는 중국의 반려동물 시장에는 향후 10년간 붐이 일어날 것이며, 매년 30%씩 성장할 것이라고 전망했다.[100]

한편 AI웨어러블 기기가 반려동물 산업에 활용될 가능성이 대두되면서, 최근 Mars Petcare(마즈 펫케어)가 이러한 정보를 효율적으로 추출할 수 있는 수의학 병원용 자연어 처리(NLP) 프로세스 알고리즘을 작성했다는 소식을 전했다.

대런 로건 월섬 펫케어 과학 연구소(Waltham Petcare Science Institute) 연구실장은 "AI웨어러블기기의 활동 추적기능을 통해 인간보다 정확하게 반려동물의 건강 관련 행동을 식별, 조치가 가능하다"라고 말했다. 현재 월섬 펫케어 과학 연구소 등에서 AI 학습용 동물 데이터를 수집, 모델링하고 있다. 이에 따라 머지않아 반려동물 웨어러블 기기도 상용화될 것으로 기대된다.

인공지능(AI)은 반려동물 데이터 속 패턴을 효과적으로 검토한다. 예를 들어 AI를 이용해 피부 질환 진단을 받은 개에서 움직임의 패턴을 찾아낸다. 그 패턴을 바탕으로 개가 더 자주 긁기 시작하는 때를 알아내 병을 진단한다. 반려동물은 병에 걸려도 주인에게 직접 알리지 못한다. AI 기기를 통해 동물의 미묘한 활동 차이를 발견, 보다 일찍 병을 확인해 치료가 가능하다.

De Castro(데 카스트로) 마즈 펫케어 최고재무책임자(CFO)는 "이러한 접근 방식은 병의 심각성을 잘 알게 한다. 우리는 30% 더 많은 고양이 비만 사례를 찾아냈다. 고양이들의 과체중과 비만에 대한 특정 패턴도 발견했다."고 말했다. 마스 펫케어 연구 결과, AI가 제안한 반려동물의 체중 관리 프로그램이 수의사의 치료 방법보다 더 빠르게 정상 체중으로 돌아갈 수 있다고 덧붙이며, 곧 상용화될 반려동물 AI웨어러블 기기에 대한 기대감을 드러냈다.[101]

---

100) 연합뉴스, 2019.01.16. - 미국업체 마스, 중국에 반려동물 사료공장…10조원 시장 겨냥
101) 말못하는 반려동물의 까다로운 질병 진단, 이제 AI로 찾아낸다.2021.2.25.AI타임스

외신에 따르면 바이오노트는 현재 미국 마즈(Mars)와 동물용 진단시약 공급을 위한 협상을 진행하고 있다. 2003년 설립된 바이오노트는 글로벌 시장에서 순위권(6~7위) 지위로 평가받는 것으로 알려졌다. △동물용 바이오노트 래피드(BIONOTE Rapid) △동물용 효소면역진단 Bionote ELISA △동물용 형광면역진단 Vcheck △동물용 백신 CaniFlu 등이 주요 제품이다.

한편, 마즈는 2017년 동물 의료서비스업체 VCA를 91억달러(약 10조9200억원)에 인수한 바 있으며, VCA 인수로 미국 내에서 운영 중인 동물병원 체인이 2000개가 넘는 것으로 알려졌다.

이에 따라 바이오노트가 동물용 진단 시약 핵심 수요처와 협상을 하고 있는 셈이다. 미국은 코로나19 백신접종율이 30%에 이르면서 동물병원들 영업도 활발해 지고 있다. 때문에 조만간 긍정적 결과가 있을 것으로 기대되고 있다.

이에 대하여 IB관계자는 "마스는 미국 펫케어 시장에서 상당한 영향력이 있어 진단 시약 공급이 확정될 경우 확실한 성장 모멘텀이 될 것"이라며 "좋은 결과가 있을 것으로 예상 한다"고 언급했다.[102]

---

102) 바이오노트, 40조 매출 '마스'와 공급협상…미국 뚫리나. 2021.4.9.더벨 the bell

2) 네슬레 퓨리나 펫케어(Nestle Purina Petcare)

네슬레퓨리나 펫케어는 마즈 펫케어와 함께 글로벌 펫케어 산업의 선두를 달리고 있는 기업이다. 2019년 펫케어 제품에서 7%의 유기적인 성장을 나타냈으며, 오랜 기간 미국의 펫푸드 산업을 이끄는 회사로써 19개국에 펫푸드 공장을 운영 중이다.

미국의 미주리주 세인트루이스에 위치한 본사는 북미와 라틴아메리카를 담당하며, 스위스의 로잔, 그리고 호주의 시드니에 위치한 본사는 아시아, 오세아니아, 그리고 아프리카를 담당한다. 모회사인 네슬레의 본사는 스위스의 브베에 위치한다.

네슬레퓨리나의 산하 브랜드는 알포, 베이커스, 베깅, 베네풀, 비욘드, 비지, 캣초우, 셰프 마이클스 캐닌 크리에이션, 델리캣, 도그챠우, 팬시피스트, 프리스키, 프로스티 파우, 등이 있다.103)

한편 네슬레 퓨리나의 전문점용 슈퍼 프리미엄 브랜드 프로플랜이 면역력을 높이는 데 도움을 주는 초유와 생 유산균이 함유된 고양이 건식 ‘프로플랜 캣’을 리뉴얼 출시한다는 소식을 전했다.

이번에 출시된 ‘프로플랜 캣’ 리뉴얼 라인업은 초유가 함유된 어린 고양이 라인업과, 생 유산균이 함유된 성묘 라인업으로 구성됐다. 특히 1개월 이상의 아기 고양이와 임신/수유묘에게 적합한 키튼 스타터가 새롭게 추가돼 △1개월 이상 아기 고양이용(키튼 스타터) △6개월 이상 12개월 이하 어린 고양이용(키튼) △성묘용 △비뇨기계 관리용 △피모 관리&까다로운 입맛용 △7세 이상 노령묘용 등 총 7종으로 선보인다. 프로플랜 캣 리뉴얼 라인업은 오프라인 펫샵을 비롯해, 네슬레 퓨리나의 공식 자사몰 ‘퓨리나 펫케어’에서 만나볼 수 있다.104)

---

103) 미국 펫푸드 기업 매출 ‘탑 10’…1위 마즈펫케어.2020.12.3.펫헬스

3) 트루패니언(Trupanion)

트루패니언은 미국의 반려동물 보험사로 북미 지역에서 반려동물 관련 보험상품을 판매하는 기업이다. 미국 나스닥 증시 내 시가 6억8500만 달러 규모의 트루패니언은 미국 반려동물 보험업계 2위 자리를 지키고 있다.

105)다른 경쟁 기업들은 대형 종합 보험 그룹 내 소속된 자회사 개념으로 운영되는데 비해 트루패니언은 오로지 반려동물 보험 사업에만 주력한다는 점에서 기업 차별화를 보이고 있다.

106)

Our policy is designed with your pet in mind

그림 102 트루패니언의 보험의 특징

트루패니언의 비즈니스 구조는 일반 보험회사의 그것과는 다르다. 일단 기존 보험회사의 비즈니스 구조는 보험 가입자가 동물병원에서 서비스를 이용한 후 전체 병원비를 지불한 후 나중에 일부의 병원비를 반환받는 방식이다. 하지만 트루패니언 보험상품의 경우에는 직접적인 동물병원과의 제휴를 통해 결제 시 바로 보험금을 제외한 병원비만을 지급할 수 있도록 하는 시스템을 만들었다.

동물병원과 보험사간의 직접적인 제휴를 통해서 소비자에게는 편의를, 동물병원에게는 매출 증대를 그리고 트루패니언에게는 경쟁력을 가져오는 비즈니스 구조를 만들었다.

---

104) 네슬레 퓨리나, 초유·유산균 사료 ‘프로플랜 캣’ 출시. 2021.5.3.파이낸셜뉴스
105) 증권플러스 인사이트 2916.04.29. ‘반려동물 전성시대’ - 이제는 애견보험까지 [Trupanion]
106) 트루패니언 홈페이지

한편, 한국농촌경제연구원 통계자료 따르면 국내 반려동물 관련 시장규모가 급격히 늘어나 2027년에는 6조원이 넘어설 것으로 전망되는 가운데, 지난 코로나19 확산에 따라 펫콕족이 증가하면서 반려동물보험에 대한 관심도 커졌다. 코로나19로 외출을 자제하고 집에 머무르는 시간이 늘면서 반려동물을 키우는 가구가 늘어난 가운데 반려견보험 등 일상생활과 밀접한 미니보험을 판매할 수 있는 보험회사의 자본금 요건도 대폭 완화됐기 때문이다.

그동안 국내 반려동물보험 가입은 미미한 수준에 머물러 있었다. 윤석열 대통령의 반려동물 관련 공약에도 펫보험 시장은 가입률이 저조하다. 보험연구원에 따르면 2022년 10월 기준 국내 펫보험 계약 건수는 약 6만1000건으로 가입률(침투율)은 0.8% 수준이며, 타 선진국과 비교했을 때 상대적으로 낮다. 타 선진국의 가입률은 △스웨덴 40.0% △영국 25.0% △노르웨이 14.0% △네덜란드 8.0% △프랑스 5.0% △미국 2.5% 등이다. 펫보험 시장은 반려동물 양육가구의 증가세와 비교하면 현저히 낮은 수준이다.

다만, 동물등록법의 개정과 표준진료제 법안 상정 추진 등으로 반려동물보험 시장에 대한 관심이 커질 것으로 전망되며, 2020년 12월 '보험업법' 개정으로 새로이 도입된 소액단기전문 보험회사의 자본금 요건이 20억원으로 대폭 완화되면서, 반려견보험 등 일상생활과 밀접한 맞춤형 소액단기보험 활성화도 기대된다.

이에 미국 반려동물 보험시장에서 차별적인 전략으로 고성장하고 있는 트루패니언(Trupanion) 사례가 주목받고 있다. 보험연구원은 "트루패니언은 종합보험회사가 아닌 반려동물보험 전문회사로써 매년 영업이익이 20% 이상씩 성장하고 있다"며 "소액단기보험 도입을 앞둔 우리나라 보험시장에서 트루패니언의 편리한 정산서비스 등 차별성 있는 영업전략의 성공사례를 살펴볼 필요가 있다"고 밝혔다.

트루패니언 반려동물보험의 기본 보장항목은 진단테스트, 수술, 병원 치료 및 약물, 수의사의 처방 보조제, 약초 치료, 보철장치 등이며, 추가 보장항목은 침술, 행동 변형, 지압술, 동종요법, 하이드로테라피, 자연요법, 물리치료, 재활요법 등이 있다. 보험가입자는 반려동물 치료 필요 시 응급처치 및 일반 치료를 선택할 수 있으며, 자기부담금 10%를 부담하고 나머지 의료비용은 한도없이 모두 보상받을 수 있다. 특히 트루패니언은 소프트웨어회사와 함께 개발한 의료비 정산시스템을 동물병원에 제공하고, 보험가입자는 이 시스템을 통해 보험금을 직접 지급받는 편리성을 갖췄다.

이에 대하여 보험업계 전문가는 국내에도 점차 반려동물 보험에 대한 관심이 증가할 것이고, 이에 따라 소액단기보험 도입도 앞두고 있는 가운데, 트루패니언의 사례가 우리나라에 의미있는 시사점을 제공하고 있다고 덧붙였다.[107]

ㄴ) 조에티스(Zoetis)

그림 103 조에티스 로고

[109]조에티스는 세계 최대의 제약회사인 화이자(Pfizer Inc)의 동물용 의약품 사업부
에 있었지만, 2013년 2월 기존의 화이자에서 사업부 독립으로 설립된 기업이다. 이후
미국 뉴욕주식시장에 상장되었고, 2016년 기준 조에티스는 8가지 핵심동물 종의 백
신, 구충제, 항생 및 사료첨가제, 기타의약품 등 5가지 주요 제품군을 포함하는 300
개 이상의 제품을 보유한 세계 1위의 동물용 의약품 기업이다.

조에티스는 소, 돼지, 닭 등 가축을 중심으로 하는 동물용 의약품 사업부 Livestock
와 반려동물을 중심으로 하는 동물용 의약품 사업부인 Companion Animal로 구성되
어 있다.[110]

그림 104 조에티스의 반려견 영양제

---

107) 코로나19로 '펫콕족' 급증, 반려동물보험 기지개 펼까…'소액단기전문보험업 도입'으로 판은 깔아졌
　　 다. 2021.3.12. 녹색경제신문
108) 조에티스 홈페이지
109) 증권플러스 인사이트 2016.07.29. 글로벌 동물용 의약품 1위 기업 - Zoetis
110) 네이버 쇼핑

2022년 기준 연 매출 78억 달러를 기록하고, 전 세계 100여 국가에 제품을 공급하며 1만 2천 명의 직원들이 일하는 동물의약품 업계의 글로벌 리더로 인정받고 있다.

이중에서 가장 큰 매출을 차지하는 사업은 가축용 소의 백신, 발정 유도제, 향균제, 일반항생제, 종합 생균영양제, 유방염 제품, 구충제 등을 생산 및 판매하는 사업이다. 이는 전체 매출의 무려 35%를 차지한다. 그 다음으로 많은 매출을 차지하는 사업이 반려견과 반려묘 관련 사업이다. 반려견과 반려묘의 심장사상충 예방제, 백신, 항생제, NSAIDS, 항구토제, 진정제, 진통제, 스킨케어 제품 등을 생산 및 판매한다. 이는 전체 매출의 33%를 차지한다. 현재 조에티스의 실적은 최근 몇 년간 꾸준히 성장하고 있으며, 반려동물시장이 꾸준히 성장함에 따라 반려동물관련 매출이 계속해서 성장할 것으로 보인다.

한편 조에티스가 최근 코로나 팬데믹의 수혜를 입으며 수익곡선의 정점을 찍었다는 소식이 전해졌다. 조에티스는 수의사들에게 처방전을 판매하는 반려동물 의약품 공급 비즈니스만으로 지난 3년간 최소 7%의 성장률을 기록했으며 2019년에는 62억6천만 달러의 매출을 올렸다. 최근 분기 보고서를 보면 두 자릿수대 성장세를 나타냈다. 금융정보 서비스업체인 팩트셋에 따르면 코로나가 한창이었던 2020년도 첫 9개월 동안 조에티스는 전년 대비 6% 매출 성장을 기록했다. 또한 조에티스의 사업 중 하나인 동물병원과 관련 물품에 대한 비용은 전체 매출의 30%를 차지하며 이는 두 번째로 큰 범주에 속하는 것으로 알려졌다.[111]

---

111) 코로나로 반려동물 산업 `맑음`..선두주자 `조에티스` 주목. 2021.1.30. 한국경제TV

6. 결론

Ⅵ. 결론

1인 가구의 증가, 인구 고령화, 소득 증가, 코로나19 등의 사회적인 요인들은 반려동물산업을 성장하도록 돕고 있다. 우리나라보다 반려동물산업이 발달한 미국, 일본, 유럽 주요국들의 반려동물산업도 꾸준히 발전하고 있다.

특히 국내의 경우 해외 글로벌 기업들이 반려동물관련 시장을 장악하고 있어, 국내 대기업들은 적극적인 투자와 공격적인 마케팅으로 반격에 나서고 있다. 또한, 중국은 1선 도시들을 시작으로 반려동물산업이 폭발적으로 성장하고 있다.

이러한 상황 속에서 글로벌 기업들은 반려동물산업을 성장 가능성이 높은 산업이라 판단하고, 반려동물관련 제품을 개발하고 반짝이는 아이디어를 가진 스타트업에 대해 거액을 투자하거나 인수하는 등 시장에 진입하고 시장 점유율을 높이기 위해 여러 가지 노력을 하고 있다.

이에 따라 반려동물산업 내에서도 변화가 일어나고 있다. 전통적인 사료, 용품 등이 큰 비중을 차지하고 있던 반려동물산업은 서비스, 의료, IoT와의 관련 제품의 비중이 증가하고 있다. 소비자들의 소득 수준과 반려문화, 과학기술의 발전이 맞물리면서 반려동물을 위해 더 좋은 것을 해주려는 사람들이 늘어나고 있기 때문이다.

반려동물관련 시장은 앞으로 계속 성장하는 시장으로써 많은 기업들이 블루오션으로 보고 있다. 세계 최대 반려동물시장인 미국은 시장 포화상태임에도 불구하고 매년 5%에 가까운 시장성장률을 보이고 있으며 우리나라도 꾸준히 시장이 성장하고 있다.

최근 코로나 팬데믹으로 인해 반려동물과 집에서 보내는 시간이 늘어나면서 반려동물 용품에 대한 수요는 더욱 증가했고, 특히나 국내외로 온라인 사이트의 이용 빈도 수가 늘어났다. 식품분야에서는 반려동물의 건강을 생각해 프리미엄, 수제 간식 등의 품목에 대한 관심도가 증가했다.

반려동물 식품 산업은 기존 시장에서 해외 브랜드에 대한 수요도가 높았기 때문에, 대기업 조차도 큰 흑자를 내고 있지 못하는 상황이지만, 반려동물 관련 산업 자체가 전망이 좋은 분야이므로, 더욱더 적극적으로 투자에 나선 것으로 보인다.

따라서 반려동물산업은 투자하기 좋은 산업분야임에는 분명하지만, 투자하기 전에 투자처에 대해 꼼꼼히 확인하고 신중할 것을 권한다.

7. 참고자료

Ⅶ. 참고자료

1) 반려동물 양육인구 602만 가구 1306만명…개 545만·고양이 254만 마리 / 데일리벳
2) 「2021 한국 반려동물보고서」 KB경영연구소
3) [2022 펫코노미 시대를 넘어 ⑥] 155조 육박, '북미' 반려시장, "대한민국 반려동물 산업 미래 지침서"
    / 한국반려동물신문
4) 반려동물용품의 모든 것, 미국 'SuperZoo 2022' 참관기 / 코트라 해외시장뉴스
5) [2022 펫코노미 시대를 넘어 ⑤] 선진 반려동물 시장 톺아보기 '유럽에서 타산지석' / 한국반려동물신
    문
6) 6) [2022 펫코노미 시대를 넘어 ⑤] 선진 반려동물 시장 톺아보기 '유럽에서 타산지석' / 한국반려동
    물신문
7) 7) [2022 펫코노미 시대를 넘어 ⑤] 선진 반려동물 시장 톺아보기 '유럽에서 타산지석' / 한국반려동
    물신문
8) [2022 펫코노미 시대를 넘어 ⑤] 선진 반려동물 시장 톺아보기 '유럽에서 타산지석' / 한국반려동물신
    문
9) 전 세계 다 늘었는데…반려견·반려묘 모두 줄어든 '일본' / 데일리벳
10) 일본, 코로나19 팬데믹 상황속에서 반려동물 사료의 슈퍼 프리미엄 가속화. 2021.4.12. 한국애견신
    문
11) KOTRA 해외시장뉴스 2016.05.24. 일본 바이어, 한국 반려동물 제품 "우수해요!"
12) 자료원 : 각 사 홈페이지
13) 자료원 : 일본경제신문
14) KOTRA 해외시장뉴스 2015.09.30. 일본, 펫 IoT 인기
15) 자료원 : NTT도코모
16) KOTRA, 2018.09.11. - 일본 대기업도 뛰어드는 첨단 애완용품 시장
17) **KOTRA, 2018.09.11. - 일본 대기업도 뛰어드는 첨단 애완용품 시장**
18) KOTRA 해외시장뉴스 2017.08.25. 日 반려동물도 고령화시대, 이런 제품이 뜬다
19) 팸타임즈 2016.09.22. [반려동물 시장② 일본] 고령화로 장례·보험 서비스 인기
20) ECONOMY Chosun 2018.05.21. - 동물병원 카드 결제액 8000억원 육박..5년 새 두 배
21) 중앙일보 2017.06.27. 미국 동물묘지 600곳 '정부예산·기부금' 운영… 일본, 화장시설 갖춘 트럭이
    집 앞까지 찾아가
22) 스카이데일리 2016.06.20. 반려선진국 일본, 사람처럼 대접받는 동물의 천국
23) ㈜메디엔인터네셔날 2014.12.05. 동물용 의료기기 시장현황 및 산업발전 방안
24) 노트펫 2016.03.24. 일본, '노령 반려동물'대상 산업이 뜬다
25) 데일리펫 2016.03.20. [전시]우리 아이가 아파요!
26) Rakuten GlobalMarket
27) KOTRA 해외시장뉴스 2017.08.25. 日 반려동물도 고령화시대, 이런 제품이 뜬다
28) 중국 반려동물 산업 발전전망 / 코트라 해외시장뉴스
29) 33조 반려동물 시장 잡아라… 中 '펫테크'에 쏠리는 눈. 2020.1.23. 시장경제
30) 차이나 펫 엑스포, 성장하는 중국 펫용품 시장 조명. 2021.5.28. KITA.net
31) 중국 반려동물 건강보조 식품 동향 / 코트라 해외시장뉴스
32) 자료원 : 중국산업정보망
33) 거우민왕이 발표한 '2015년 중국 반려동물 주인 소비행위 보고'
34) KOTRA 해외시장뉴스 2016.09.20. 중국 반려동물용품 시장 트렌드 ②
35) 판매량 기준 Tmall 랭킹을 바탕으로 KOTRA 상하이 무역관 조사
36) KOTRA 해외시장뉴스 2017.09.20. 중국 애완용품시장을 주목하라
    / 자료원 : 타오바오(淘宝), 알리바바(阿里巴巴), KOTRA 선전 무역관 정리
37) 펫미족의 등장으로 발전하는 중국 반려동물 산업 / 코트라 해외시장 뉴스
38) 중국 반려동물 소변검사 키트 시장동향 / 코트라 해외시장뉴스
39) KOTRA 2019.05.27. - 중국 동물백신 시장동향
40) 뉴스핌 2018.08.09. - 중국 반려동물시장 초고속 성장 가도
41) [펫헬스케어①]6조원대 블루오션 부상 "반려동물" 시장의 동향 및 전망 / 글로벌경제신문
42) 국내 펫푸드 시장 규모 1조 3329억원…전체 펫케어 시장은 2조 1110억. 2021.5.21. 데일리벳
43) "사료에 뿌려 먹이세요" 하림펫푸드 '밥이보약 영양톡톡' 출시.2021.2.18.news1뉴스
44) 4조원 펫푸드 시장서 수입브랜드 벽 못 넘는 토종기업…동원F&B-하림-GS리테일 '고전' CJ제일제당

　　-빙그레는 '철수'.2021.2.19.매일경제 TV
45) "물 들어온다"…유통·식품업계, '펫 시장' 공략. 2021.5.5. 비즈니스와치
46) 기능성 반려동물 식품, 국산으로 대체한다. 2021.5.27. 미디어펜
47) 친환경 농산물로 반려동물 먹거리 개발. 2021.5.28. 한국일보
48) '멍멍 야옹' 큰 손 잡아라…5조 반려동물 시장 각축전 / 한겨레
49) '코로나에도 매출 4배 껑충'…펫케어 스타트업 뜬다.2020.12.29.머니투데이
50) 펫용품 구매도 이젠 언택트…온라인 펫용품 판매 3배↑. 2020.3.30. 브릿지경제
51) "집사만 로켓배송받냥"…펫용품 다음날배송 시대 열린다. 2021.2.7.머니투데이
52) 위메프오, 반려동물 용품구매부터 호텔예약까지 다 된다. 2021.4.28. 대한경제
53) 한겨레, 2018.08.16. 당신이 궁금해 할 '펫시터'의 모든 것
54) 한국직업능력진흥원, 반려동물관리사 및 미래유망자격증 비대면 무료수강 지원. 2021.05.10. 기호일
　　보
55) 네이버포스트 - [펫캠퍼스] 반려동물을 위한 전문 이동서비스, 반려동물 운송(펫택시, 펫해외운송)
56) 한국경제, 2018.10.17. - '2년 만에 1만건' 비싸도 타는 펫택시..빅나라 펫미업 대표[펫시]
57) 펫택시 이용비율 증가…반려견 산책 횟수도 늘어나. 2021.3.26. 데일리벳
58) 카카오 '반려동물 택시업체' 펫미업 품었다. 2021.3.9. 한국경제
59) '동물병원 갈때만' 탈 수 있는 현대차 펫택시. 2021.4.26. 이코노미스트
60) "반려동물과 함께 호텔서 애프터눈 티를 즐겨요". 2021.3.25. 스포츠동아
61) 거리두기에 견공도 '답답'…반려동물 동반 숙소 인기. 2020.12.25. 연합뉴스
62) 소노·켄싱턴리조트 불황탈출 키워드…"여기로 모시'개'". 2021.4.6. 머니투데이
63) [이런 학과 어때요? 동물사육복지과] "'펫팸족' 1500만 시대… 전인적 멀티 동물 전문인 양성".
　　2021.6.1. UNN한국대학신문
64) 반려동물 장례지도사 "동물사체, 폐기물로 지정 분리수거하라는데…".2018.11.24.아시아경제
65) GRAZIA 2015.07.10. 반려동물 장례식, 이젠 선택이 아닌 필수?
66) 반려동물장례식장 문화서비스 전문 펫포레스트, 글로벌파워브랜드 대상 수상.2021.5.28.경상일보
67) 펫마루, 반려동물과의 갑작스러운 이별 도와줄 체계적인 반려동물 장례 서비스 제공. 2021.5.27.파이
　　낸스 투데이
68) 한국경제 2017.05.24. 반려동물 의료시장 불 붙었다
69) 동물의료시장 규모는 1조 7400억…부가세 수입은 633억 / 데일리벳
70) 데일리벳 2015.10.23. [기고] 동물용 의료분야에서의 패러다임 전환 下 : 류정원
71) 치료제부터 진단분야까지…'반려동물 헬스케어' 시장을 잡아라. 2021.5.27.아시아타임즈
72) 반려동물 의약품 시장 뛰어드는 국내 제약사들. 2021.5.31. 청년의사
73) 제약바이오기업 新먹기리는, '반려동물 헬스케어'. 2021.5.17. 대한경제
74) 반려동물 시장 커진다…제약업계 펫코노미 열풍. 2021.5.23. 유통경제
75) 반려동물 의료시장에서도 '줄기세포' 주목, 우리나라 현황은? / 바이오타임즈
76) 네이버 지식백과
77) 하림펫푸드
78) 한국경제 2018.01.15. 하림, 펫푸드 공장에 400억 투자…"사람이 먹어도 될 수준"
79) NEWS1뉴스, 2019.04.03. - 하림펫푸드 전년 매출 10배↑ "공장가동률 더 높이겠다"
80) 하림펫푸드 홈페이지
81) 하림펫푸드, 출범 4년만에 한해 매출 198억원…국산사료 신뢰도 ↑. 2021.4.8. new1
82) 하림펫푸드 '가장맛있는시간30일' 사료 정기배송 서비스 시작. 2021.2.24. new1
83) 국내 반려동물 사료 시장 점유율 1위 바뀌다…우리와 1위·로얄캐닌 2위. 2020.5.29. 데일리벳
84) 반려동물과 사람이 "우리"가 되는 세상을 만드는 "우리와".2021.4.20.한국경제
85) 소비자들이 인정한 프리미엄 펫푸드, 웰츠. 2021.4.20. 한국경제
86) '2020 대한민국 반려동물 산업대상'…12개 기업 선정. 2020.12.30. 올치올치
87) 한국판 츄이(Chewy) '펫프렌즈', 독보적인 감성 서비스로 반려인들의 마음 사로잡아.2021.6.2.한국경
　　제
88) 펫프렌즈가 반려동물 유명 브랜드의 핫플레이스가 된 이유는?.2021.3.19.파이낸셜뉴스
89) 업계 최초 거래액 1,000억 대 돌파 '펫프렌즈', 매출 전년비 41.7%↑ / 머니투데이
90) 핏펫, 투자 유치 '몸집 키우기' 신사업 속도 / 더벨
91) 고정욱 핏펫 대표 "반려동물 망라한 메가 헬스케어 플랫폼 목표" 2021.5.12.ETNEWS
92) 핏펫·프로라젠 MOU 체결…'어헤드 진단키트' 라인업 확대.2021.4.8.이데일리
93) 펫닥, 업계 최초·최대·최고 수준 수의사 네트워크 갖춰. 2020.6.4. 파이낸셜뉴스
94) 펫프렌즈·핏펫·펫닥, 반려동물 '아기 유니콘 3인방' 얼마나 컸나 / 노트펫
95) 위키백과

96) 팸타임즈 2017.06.26. 사탕 제조업체 마스, 펫케어 사업 운영 시작
97) 머니투데이 2014.04.10. P&G, 애완동물 사료 브랜드 마스에 매각
98) 팻타임즈 2017.02.02. 미국 반려동물용품시장 72조 전망...펫테크 기업 투자 급증
99) 이데일리 2017.01.10. 美 마스, 동물의료서비스업체 11조에 인수
100) 연합뉴스, 2019.01.16. - 미국업체 마스, 중국에 반려동물 사료공장…10조원 시장 거냥
101) 말못하는 반려동물의 까다로운 질병 진단, 이제 AI로 찾아낸다.2021.2.25.AI타임스
102) 바이오노트, 40조 매출 '마스'와 공급협상…미국 뚫리나. 2021.4.9.더벨 the bell
103) 미국 펫푸드 기업 매출 '탑 10'…1위 마즈펫케어.2020.12.3.펫헬스
104) 네슬레 퓨리나, 초유·유산균 사료 '프로플랜 캣' 출시. 2021.5.3.파이낸셜뉴스
105) 증권플러스 인사이트 2916.04.29. '반려동물 전성시대' - 이제는 애견보험까지 [Trupanion]
106) 트루패니언 홈페이지
107) 코로나19로 '펫콕족' 급증, 반려동물보험 기지개 펼까…'소액단기전문보험업 도입'으로 판은 깔아졌
    다. 2021.3.12. 녹색경제신문'
108) 조에티스 홈페이지
109) 증권플러스 인사이트 2016.07.29. 글로벌 동물용 의약품 1위 기업 - Zoetis
110) 네이버 쇼핑
111) 코로나로 반려동물 산업 `맑음`..선두주자 `조에티스` 주목. 2021.1.30. 한국경제TV

초판 1쇄 인쇄 2018년 3월 11일
초판 1쇄 발행 2018년 3월 12일
개정판 발행 2020년 3월 30일
개정2판 발행 2021년 7월 5일
개정3판 발행 2023년 5월 22일

편저 ㈜비피기술거래
펴낸곳 비티타임즈
발행자번호 959406
주소 전북 전주시 서신동 832번지 4층
대표전화 063 277 3557
팩스 063 277 3558
이메일 bpj3558@naver.com
ISBN 979-11-6345-447-2 (93490)
가격 66,000원

이 도서의 국립중앙도서관 출판예정도서목록(CIP)은 서지정보유통지원시스템 홈페이지
(http://seoji.nl.go.kr) 와 국가자료공동목록시스템 (http://www.nl.go.kr/kolisnet)에서 이용하실 수 있
습니다.